中国纺织出版社有限公司

## 内容提要

《聪训斋语》系清代康熙朝名臣张英所撰的一部家训，该书不仅使张氏子孙后人受益匪浅，同时也被名人方家所看重。书虽无斐然之文采，但言辞恳切，句句皆肺腑之言。因其系张英在公余及致仕后训勉子孙之言，随心教导，难免重复、纷杂。

为方便读者阅读，本书评注者以晚清葛元煦所辑“啸园丛书”本《聪训斋语》为底本，详加编订，将全书分成近百则，分类归入治家、读书、修身、交游、养生、品艺、怡情、知命诸篇，同时对重点字词作出注释，译出全文，并对每一则加以品评和阐发。相信读者定能从本书中沐浴到先贤的智慧之光。

**图书在版编目（CIP）数据**

聪训斋语全鉴 /（清）张英著；刘超评注．-- 北京：中国纺织出版社有限公司，2019. 9（2023.1 重印）
ISBN 978-7-5180-6420-5

Ⅰ. ①聪… Ⅱ. ①张… ②刘… Ⅲ. ①家庭道德—中国—清代②《聪训斋语》—注释 Ⅳ. ① B823.1

中国版本图书馆 CIP 数据核字（2019）第 147552 号

---

责任编辑：赵晓红　　特约编辑：张永俊
责任校对：高　涵　　责任印制：储志伟

---

中国纺织出版社有限公司出版发行
地址：北京市朝阳区百子湾东里 A407 号楼　邮政编码：100124
销售电话：010 — 87155894　传真：010 — 87155801
http：//www.c-textilep. com
E-mail：faxing@c-textilep. com
官方微博 http：//weibo.com/2119887771
佳兴达印刷（天津）有限公司印刷　各地新华书店经销
2019 年 9 月第 1 版　2023 年 1 月第 3 次印刷
开本：710 × 1000　1/16　印张：17
字数：258 千字　定价：48.00 元

---

# 前言

张英（1637—1708），字敦复，江南桐城人（今安徽桐城）。康熙六年（1667）进士，后担任日讲起居注官，累迁侍读学士，入值南书房，赐居紫禁城，朝廷制诰多出其手，皇帝巡游常伴左右，深得康熙的厚爱。张英为政勤勉慎密，刚直敢言，康熙皇帝曾褒奖曰："张英始终敬慎，有古大臣之风。"同时，张英作为古代乡贤的代表，非常注重子女教育和良好家风的形成，以"务本力田、随分知足"告诫子弟，子孙个个才干优长，终成桐城名门望族，有"父子双宰相""三世得谥""六代翰林"之美誉。其治家格言《聪训斋语》流传于世，惠及子孙，泽被后人。

晚清中兴第一名臣曾国藩十分推崇张英的《聪训斋语》，称其"教家者极精""句句皆吾肺腑所欲言"，并把它与康熙皇帝的《庭训格言》相提并论，要求曾氏弟子人手一册，认真学习领会。

"我家两堵墙，前后百米长。德义中间走，礼让站两旁……"一曲由安徽籍知名艺人赵薇演唱的《六尺巷》登陆 2016 年央视春节联欢晚会后，迅速蹿红大江南北、黄河上下，立即成为人们茶余饭后热议的话题，而正月的六尺巷，熙熙攘攘，人潮涌动，一派热闹的景象。

狂沙吹尽始淘金，豪华落尽见真淳。张英连同那个时代都已走进历史的深处，他的足迹和背影日趋模糊，但他的故事依旧广泛流传，时时被后人追怀。《聪训斋语》以其隽永的语言、充满智慧的思想不断吸引着后来者留恋徘徊、咀嚼和涵泳，成为他们人生前进的养料和动力源泉。斗转星移，时空变换，历史走进了新时代，但我们相信朴素的真理，相信那些温

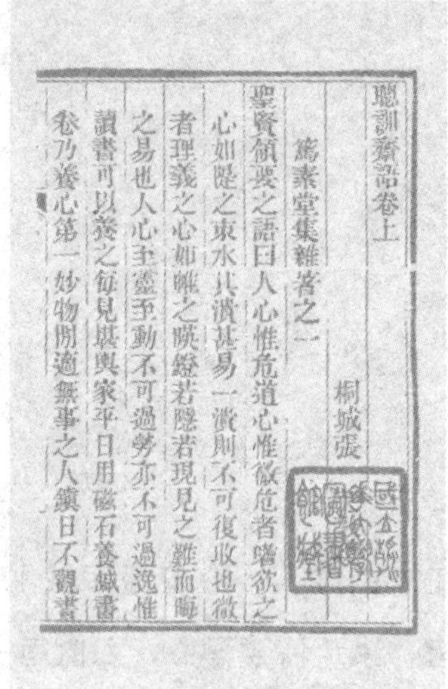

聰訓齋語卷上

桐城張

篤素堂集雜著之一

聖賢領要之語曰人心惟危道心惟微危者嗜欲之
心如隄之東水其潰甚易一潰則不可復收也微
者理義之心如帷之映燈若隱若現見之難而晦
之易也人心至靈至動不可過勞亦不可過逸惟
讀書可以養之每見堪輿家平日用磁石養鍼書
卷乃養心第一妙物閒適無事之人鎮日不觀書

晚清葛元煦所辑“啸园丛书”本《聪训斋语》

暖文字背后的力量，相信他们会历久弥新，熠熠生辉，光彩夺目，照亮人生。

张英在《聪训斋语》里曾说：“予之立训，更无多言，止有四语：读书者不贱，守田者不饥，积德者不倾，择交者不败。”这是他治家和教子的纲领。

读书者不贱。对于个人而言，可以增长才干，“自然进退安雅，言谈有味”，亦可作为职业，“教学授徒，为人师表”，假若“举业高华秀美，则人不敢轻视”。对于家族而言，古代读书以应科举、考功名，往往是兴家的不二法门。“每见仕宦显赫之家，其老者或退或故，而其家索然者，其后无读书之人；其家郁然者，其后有读书之人也”，正反对比，振聋发聩，足以警示子孙。《清史稿·张英传》载：“自英后，以科第世其家，四世皆为讲官。”足见家业之繁华。

守田者不饥。民以食为天，守田解决温饱问题，对于家庭来说，守田“可免饥寒”“匏樽不空”“鸡豚可办”，是保家的基础。《红楼梦》十三回，贾家虽有颓败之象，但骨架仍在，秦可卿弥留之际，托梦王熙凤：“即如今日诸事都妥，只有两件未妥，若把此事如此一行，则后日可保永全了。”所讲的也无外乎“多置田庄房舍地亩”。

积德者不倾。古语言“积善之家必有余庆”。良好家风的形成关键在于父母的言传身教，表里如一，张英以自己的身体力行为子女做出了表率。六十寿诞，张英用“设梨园”“宴亲友”之费，“制棉衣裤百领”“以施道路饥寒之人”。日常生活中，张英食用节俭，以节省之钱来施舍贫寒之人，终其一生，多做好事，勉力行之。行胜于言，子孙耳濡目染，焉能不受其感化?

择交者不败。“蓬生麻中，不扶而直；白沙在涅，与之俱黑”，富贵之弟，人生处世面临着更大的诱惑，更应慎交择友，否则就有家破人亡的风险。张英目击身历，感受最为深切。交友不慎“如鸩之入口，蛇之螫肤，断断不易，绝无解救之说”，因而，在张英看来，择友当是四者之关键。

四语立训，渗透到《聪训斋语》的方方面面。为方便读者阅读，编者根据其内容进行了分类，如治家篇、读书篇、修身篇、交游篇、养生篇、品艺篇、怡情篇、知命篇。换句话说，这些篇章也集中体现了张英四语立训的家教。

治家篇：张英强调：“治家之道，谨肃为要。”家庭成员之间谨慎、恭敬，相互之间才会礼让、和谐。虽然有些拘谨，但家庭井然有序。《大学》讲

安徽桐城六尺巷

修身齐家治国平天下，而谨肃之言实为齐家之道。

叶梦得在《石林治生家训要略》中说："俭者，守家第一法也。"张英也认为节俭乃治家之本。万不可好奇珍异宝、不蓄字画玩器，否者子孙必受其累。

家和万事兴，张英尤其重视兄弟关系，并用法昭禅师的偈语，"同气连枝各自荣，些些言语莫伤情。一回相见一回老，能得几时为弟兄"来教诲后代。得为弟兄，是缘分也是福分，要珍惜缘分、福分，友爱相处。

君子之泽，三世而斩。世家之弟，更应居安思危，防患于未然。张英对此有着难得的清醒和理智并时时告诫后世子孙。张家基业能够代代相传，长盛不衰，并终成桐城名门望族，想必与此不无关系吧！

读书篇：万般皆下品，唯有读书高。书中自有黄金屋，书中自有颜如玉。在我们刻板的印象中，古人读书似乎只与科举有关，功名利禄是他们读书唯一的要义和准则。耕读传家的封建社会，张英从不否认读书对于士子进身和家族兴旺的重要意义，并且告诫子孙"制义者，秀才立身之根本，本固则人不敢轻，自宜专力攻之"，但张英对读书显然有更深入的理解，开卷就提出"书卷乃养心第一妙物"的见解，认为人生之福，"佐以读书"。以此看来，无论我们今天津津乐道张元济的"天下第一等好事还是读书"，还是谢冕的"读书人是幸福人"，都与张英的读书观殊途同归，一脉相承。

与博观约取的读书方法不同，张英主张精读，"诵之极其熟，味之极其精"，举一反三，触类旁通，又何必多，况且人生苦短，又何能多乎？

诗酒趁年华，读书要趁早。张英认为二十岁之前读书与二十岁之后读书功效迥异，不可同日而语。青年时期，是人生"珠玉难换之岁月"，要抓住良机，诵读经典，打下精神的底子，"为终身受用之宝"。

修身篇：立品乃修身之本，做人之根基。张英告诫子弟："世家之弟，原是贵重，更得精金美玉之品。"又说："言思可道，行思可法，不骄盈，不诈伪，不刻薄，不轻佻，则人之钦重，较三公而更贵。"把立品看作比三公更高贵的东西，立德树人，良有以也。

大千世界，芸芸众生，为人父，为人母，为人子，角色不同；为人，为官，为学，分工各异，但相信从游其中，含英咀华，你一定能够吸取养分，找到自己的人生坐标和方向。

交游篇："立身行己之道"的关键切要在于择友。特别是年轻的时候，父母师长的教诲规劝日渐疏远，朋友之言，"朝夕浸灌，鲜有不为其所移者"。因此，择友须慎重，宁缺毋滥。对于行走在官场上的人们来说，交游也是一篇大文章。张英为官多年，做官以"清正高简安静为美"，以"门无杂宾"自许。宦海浮沉，道路凶险，与人交往有原则而不懂得变通，难免处处碰壁；相反，一味地圆滑，投机谄媚，也不会有好的下场。外圆内方，刚柔相济是张英的交游之道，也是他的为官之道。

养生篇：保全生命是每一个人都必须直面的客观现实，与前人求仙问道，"服药引导"以祈求长生不老不同，张英的养生观带有更多的烟火气息，他主张从日常生活入手，从小事做起，既重视体魄的健康，又强调精神的调养，以达到生命的圆满。即使从现代人的角度来看，也是科学合理的养生方法。

一方面，血肉之躯有自己的身体机能和运作机制，遵从客观规律，身体才能正常地运转，因此，张英首先从饮食、睡眠入手，认为眠食是养生之要务，饮食只八分，忌多品，少油腻，以保持肠道和气息的通畅；充足的睡眠必不可少，"不觅仙方觅睡方"，日长漏永，午间小憩片刻，睡足而起，神清气爽，体魄焉能不健康？

另一方面，人是精神的动物，俗话说，百病由气生，劳神伤神绝非长寿之道，因此，精神的调养也许更为重要。"安分省事，则心神宁谧，而无纷扰之害"，乐天知命以全生；"多求而不得则苦，多欲而不遂则苦"，保持内心的节制以达生，生命才会绽放出更长久的光彩；"慈者寿""俭者寿""和者寿""静者寿"，诸如此类的嘉言慧语不胜枚举。

品艺篇：琴棋书画，是古贤士大夫的自我修养。"众器之中，琴德最优"，张英在书中多次谈到古琴对人生的教化作用和审美作用。而关于书法鉴赏和学习也多有精彩独到的论述。

怡情篇："人生不能无所适以寄其意。予无嗜好，惟酷好看山种树。"看山种树，无关乎生计，却能怡情养性、滋润心灵，看似无用却有大用存焉。《清史稿·张英传》载："英自壮岁即有田园之思，致政后，优游林下者七年。"自然山水让人缱绻忘还，故乡的龙眠山是张英最后的精神家园和归宿，其实我们每个人何尝不需要一方精神的田园？

知命篇：《论语》有云："不知命，无以为君子。"张英知命，对此有着深刻的理解和领悟，认为命有天命和宿命之分。天命是自然规律，宿命是冥冥之中人生不可把握的神秘部分。因此，把握好天命，事半功倍，水到渠成。同时，对宿命也要有达观的认识，谋事在人，成事在天，有了这份洞悟，人生自会多了份从容和洒脱！

摆在读者面前的这本《聪训斋语全鉴》，是以晚清葛元煦所辑"啸园丛书"本《聪训斋语》为底本，详加编订，同时做出注释和译文，并且在每一则后面都写有品评文字。此番功夫，只是想表达对先贤的纪念。《聪训斋语》本是张英闲暇时训勉子孙之言，随心教导，难免有重复杂乱之嫌，且有些表达存在前后不一致的地方。虽然我们对原文进行了仔细的考订，但是也发现有些篇章无法准确归类，这是读者需要注意和留心的地方。

北大中文系教授陈平原说："知道了古人的优长的所在，选择其中贤能精英者，置之案头日夜相处，这就是与古人'结缘'，'尚友古人'。"愿《聪训斋语》长置你的案头、枕间，愿你与先贤对话、结缘，相信沐浴智慧之光的你定会光彩动人地伫立人间！

评注者

2019年1月

# 目录

## 总纲



## 治家篇



## 读书篇



## 修身篇

## 交游篇



## 养生篇



## 品艺篇



## 怡情篇

## 知命篇



## 题跋



## 附录

予之立训，更无多言，止有四语：读书者不贱，守田者不饥，积德者不倾，择交者不败。尝将四语律身训子，亦不用烦言夥说矣。

## 四语立训　要言不烦

【原文】

圃翁[1]曰：予之立训，更无多言，止有四语：读书者不贱，守田者不饥，积德者不倾，择交者不败。尝将四语律身训子，亦不用烦言夥说[2]矣。虽至寒苦之人，但能读书为文，必使人钦敬，不敢忽视。其人德性亦必温和，行事决不颠倒，不在功名之得失，遇合之迟速也。守田之说，详于《恒产琐言》[3]。积德之说，六经[4]、语[5]、孟[6]、诸史百家，无非阐发此义，不须赘说。择交之说，予目击身历，最为深切。此辈毒人，如鸩[7]之入口，蛇之螫肤，断断不易[8]，决无解救之说，尤四者之纲领也。余言无奇，止布帛菽粟[9]，可衣可食，但在体验亲切耳。

【注释】

[1] 圃（pǔ）翁：即张英，字敦复，号乐圃，故自称“圃翁”，其自称“乐圃”之由来：“香山字乐天，予窃慕之，因号曰乐圃。”

[2] 烦言夥（huǒ）说：琐碎多余的话。夥，杂多。

[3]《恒产琐言》：书名，张英著，提出了一系列家庭理财之道、理财之理和理财之策。

[4] 六经：指儒家的《诗经》《尚书》《礼记》《周易》《春秋》《乐经》六种经典。

[5] 语：指《论语》，四书之一，内容以孔子与弟子相互问答，或孔子回答时人的问题为主；由孔子弟子及再传弟子集录而成，共二十篇。

[6] 孟：指《孟子》，四书之一，由孟子学生万章、公孙丑等人集录其言论，经孟子本人校订而成，共七篇。

[7] 鸩（zhèn）：鸟名，传说羽毛有剧毒，代指毒酒。

[8] 断断不易：肯定无法改变。

[9] 布帛菽粟（shū sù）：平常的衣物食品。菽，豆类。粟，小米。

【译文】

圃翁说："我立家训，没有太多的话，只有四句：读书的人不会低贱；安守田地的人不会挨饿；积德行善的人不会倾覆；谨慎选择朋友的人不会败亡。我曾用这四句话约束自身、训诫子弟，也就不用絮叨多话了。即使是最贫寒艰苦的人，只要能读书写文章，就一定能让人钦佩敬仰，不敢忽视小瞧。这个人的德性也一定是温和的，做事情决不会颠倒混乱，这些不在于功名的得失，机遇的早晚。安守田地的说法，详细写在《恒产琐言》里。积德行善的讲法，六经和《论语》《孟子》以及各种史书百家之言，无非是阐发这一道理，不需要我多说。谨慎择友的讲法，我亲见亲历，体会最为深切。这些恶毒小人，会像鸩毒入口、毒蛇噬身一样，绝对不会改变，更没有解救的办法。因此，谨慎择交这一点，尤其是四句训语中的最根本的一点。我的话没什么稀奇的，只是一些像可穿可吃的布帛粮食般的平常东西，但我是有真切体验的。

【品评】

张英家训四则：读书者不贱、守田者不饥、积德者不倾、择交者不败。

读书者不贱。张英非常难能可贵地没有把读书的功用仅仅定位在功名利禄上，而是更强调读书的本质意义。其一，读书为文，追求的是知识，令人尊敬，古人所谓的"士农工商"的阶层序列也可以看出对读书人的重视和尊重；其二，读书涵养德性，陶冶情操，为人处世更加洞明、练达。以此作支撑的读书人，即便出身贫寒之家，也不会卑贱。

守田者不饥。民以食为天，土地是衣食之源。无论达官贵族，还是潦倒贫民，都对土地有着本能的追求，因为这是他们基本安全的保障。《红楼梦》中秦可卿托梦王熙凤的第一件事就是"在祖坟附近多置田庄房舍地亩”。张英充分认识到耕种对于家族兴衰的重要意义，并把自己守田之法写成专门著作《恒产琐言》。

积德者不倾。荀子说：“积善成德，而神明自得，圣心备焉。”这同样是君子昂然立足于世间的宝贵品格和资本。《周易》有言：“积善之家，必有余庆；积不善之家，必有余殃。”可见，修身、齐家，德行为本，本立才会根深蒂固，才会枝繁叶茂，才会屹立不倒。

择交者不败。“听君一席话，胜读十年书”“蓬生麻中，不扶而直；白沙在涅，与之俱黑”，朋友对人生的影响不可低估。孔子在《论语》里告诫弟子们择友的原则：“友直，友谅，友多闻，益矣；友便辟，友善柔，友便佞，损矣。”一生当中朋友是我们相处时间最长的人，良师益友，惠及终身；狐朋狗友，祸害不断，且“绝无解救之说”。因此，张英认为“择交者不败”最重要，把它列为“四者之纲领”。

# 治家篇

治家之道，谨肃为要。《易经·家人卦》，义理极完备，其曰："家人嗃嗃，悔厉吉。妇子嘻嘻，终吝。"嗃嗃近于烦琐，然虽厉而终吉；嘻嘻流于纵轶，则始宽而终吝。

# 治家之道　谨肃为要

【原文】

治家之道，谨肃为要。《易经·家人卦》[1]，义理极完备，其曰："家人嗃嗃，悔厉吉。妇子嘻嘻，终吝。"[2] 嗃嗃近于烦琐，然虽厉而终吉；嘻嘻流于纵轶[3]，则始宽而终吝。余欲于居室自书一额，曰："惟肃乃雍"[4]，常以自警，亦愿吾子孙共守也。

【注释】

[1]《易经·家人卦》：《易经》即《周易》，是阐述关于变化之书，长期被用作"卜筮"；内容包括经和传两个部分，经主要是六十四卦和三百八十四爻，卦和爻各有说明（卦辞、爻辞），作为占卜之用。传是对卦辞和爻辞的解释，共十篇，统称《十翼》。家人卦（䷤），为巽上离下合成之卦。

[2]"家人"句：所引为"家人卦"九三爻辞，意指家人相处以刚正为原则，虽过于严厉，但结果是好的。妇人孩子嘻笑玩闹，结果是不好的。嗃嗃（hè hè）：严厉。嘻嘻：玩乐。

[3] 纵轶：放纵安逸。轶，通"逸"。

[4] 惟肃乃雍：意谓只有严肃整饬，才能达到雍容有威仪。

【译文】

治家的方法，最重要的就在于谨慎肃穆。《易经·家人卦》讲得极为完备具体，说："家人相处以刚正为原则，虽过于严厉，但结果是好的。妇人孩子嘻笑玩闹，结果是不好的。"严厉近乎繁杂琐碎，然而虽遇到凶险却最终得到了吉利。玩乐流连于放纵安逸，则是开始宽松而

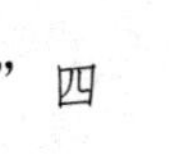



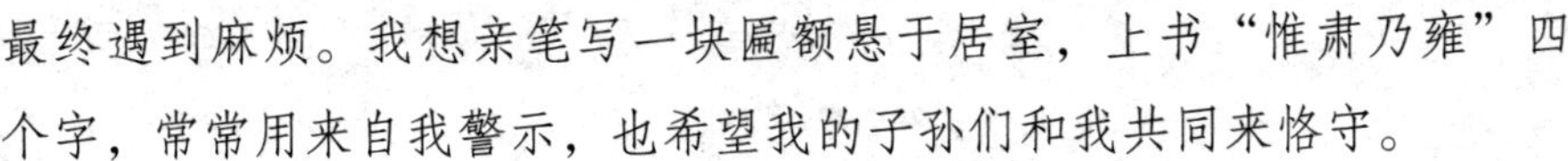

最终遇到麻烦。我想亲笔写一块匾额悬于居室，上书“惟肃乃雍”四个字，常常用来自我警示，也希望我的子孙们和我共同来恪守。

【品评】

治家之道，严字为要，贵在严厉，贵在严肃。《易经·家人卦》讲的就是如何管理家庭，义理完备，曰：“家人嗃嗃，悔厉吉。妇子嘻嘻，终吝。”家人相处以刚正为原则，虽过于严厉，但结果是好的；妇人孩子嘻笑玩闹，结果是不好的。在现实生活中的确如此，从严治家，会使家人承受不了而产生怨恨，但从长远来看结果是吉祥的；如果听凭妇人、孩子随心所欲，始于宽而终于悔恨。

家庭中的亲情容易使人放松对妻子、孩子的要求，特别是位居高官者，如果放松对家人的要求，没有严格的约束，任由他们胡作非为，“贪内助”“恶衙内”就会不断涌现，最终演化为家庭悲剧。反观当今一些贪腐的典型案例，如出一辙。原全国政协副主席苏荣悔过说：“我是全家腐败的掌门人，坑了老婆害了儿子。”父母爱子，人之常情，但更应该严格要求，因为“父母之爱子，则为之计深远”，一味偏袒和爱护，都会埋下祸害的种子。

张英手书一联“惟肃乃雍”悬挂于中堂之上，时时告诫自己从严修身，从严治家，并希望后世儿孙谨记教诲，永葆家风。

## 节俭一事　最为美行

【原文】

凡人少年，德性不定，每见人厌之曰悭[1]、笑之曰啬、诮[2]之曰俭，辄[3]面发热；不知此最是美名，人肯以此诮之，亦最是美事，不必避讳。人生豪侠周密[4]之名至不易副，事事应之，一事不应，遂生嫌怨；一人不周，便存形迹[5]。若平素俭啬，见谅于人，省无穷物力、无穷嫌怨，不亦至便乎？

【注释】

[1] 悭（qiān）：吝啬。

[2] 诮（qiào）：讥刺。

[3] 辄（zhé）：往往。

[4] 豪侠周密：做人讲义气，做事周到细密。

[5] 形迹：印象、痕迹。

【译文】

大多数人在年少的时候，总是德性不定。每当被人厌恶为吝啬，被人嘲笑为吝惜，被人讽刺为节俭，总会浑身发热感到不自在，殊不知，“悭”“啬”“俭”都是最佳美名，如果能被人这样讥讽，也是最美的事，没有必要忌讳。人生在世，讲义气、做事周到细密，这个名誉不容易得到，必须事事都应付得好；如果有一事没有应付好，就会让人产生厌恶怨恨；如果对一个人没有照顾到，就会留下不好的印象。假使平日里节俭吝惜，自然能够被别人所谅解，那么就会省去许多物力财力，减少许多怀疑怨恨，不是最为省事吗？

【品评】

叶梦得在《石林治生家训要略》中说："俭者，守家第一法也。"赵鼎《家训笔录》指出："节俭一事，最为美行。"司马光《训俭示康》认为"俭，德之共也""众人皆以奢靡为荣，吾心独以俭素为美"。古人讲述治家立身时都不约而同地表达了"俭用为本"的观点，张英也认为俭用是人生的切要之事。

节俭意味着克制，有时还会被人误认为吝啬而加以嘲笑，年轻人往往因为面子上过不去而感到羞耻。张英却认为大可不必，此是"最美名""最美事"。由俭入奢易，由奢入俭难；一次大方，次次大方；一事豪侠，事事豪侠；一事不应、一人不周就会招致怨恨。相反，节俭为人处世，会"省无穷物力""少无穷嫌怨"。张英很喜欢南宋时期文人陆梭山的治家之法，陆梭山在《居家正本制用篇》中告诉子弟要"随资产之多寡，制用度之丰俭，合用万钱者用万钱，不谓之奢；合用百钱者用百钱，不谓之吝"。俭身节用、丰俭得中，更加适合现代人的消费观念。

# 食用节省　济困赈急

【原文】

圃翁曰：予性不爱观剧；在京师一席之费，动逾数十金，徒有应酬之劳，而无酣适之趣，不若以其费济困赈急，为人我利普[1]也。予六旬[2]之期，老妻礼佛时，忽念诞日例当设梨园[3]宴亲友。吾家既不为此，胡不将此费制绵衣袴百领，以施道路饥寒之人乎？次日为余言，笑而许之。予意欲归里时，仿陆梭山[4]居家之法：以一岁之费分为十二股，一月用一分，每日于食用节省。月晦[5]之日，则总一月之所余，别作一封，以应贫寒之急。能多作好事一两件，其乐逾于日享大烹之奉[6]多矣，但在勉力[7]而行之。

【注释】

[1] 利普：利益普施。

[2] 六旬：六十岁。

[3] 梨园：指戏剧演出。唐玄宗时，曾于梨园中教授伶人，后遂以梨园为演戏之所。

[4] 陆梭山：即陆九韶（1128—1205），南宋文人，字子美。著名哲学家陆九渊之兄。学问精深，隐居不仕，与学者讲学于梭山，因号梭山居士；其学以切于日用为要，昼之言行，夜必书之，著有《梭山日记》《梭山文集》。

[5] 月晦：即月尽之日，阴历每月最后一天。

[6] 大烹（pēng）之奉：丰盛的食物。

[7] 勉力：尽力。

【译文】

圃翁说：我生性最不喜欢看戏了，在京城看戏，一个座位动辄花费几十斤金。徒有应酬的劳顿，而没有畅快舒适的趣味，还不如用这些钱去接济那些困难或危急的人，这样做对于他人、对于我自己都有很大的好处啊。在我六十岁的时候，我的妻子在烧香拜佛念经时，忽然寻思道：在庆寿那天按照惯例我家应当邀请戏班演出并且宴请亲朋好友。我家既然不这样做，为何不拿出这笔钱来做一百套棉衣棉裤，去施舍给那些沿街乞讨饥寒交迫的人呢？第二天，她告诉了我这一想法，我笑着答应了她。我准备在我年老归乡后，仿照南宋陆九韶居家生活的方法，将一年的费用，分为十二份，一月花费其中的一份，每天在吃饭日用上节省一点。到了月末，汇总一月来所有的节余，另外存起来，作为救济贫困饥寒所用。能够多做一两件好事，比每天享用丰盛的食物的乐趣要多出几倍，但是要尽力这样做。

窦燕山教子图（任薰）

【品评】

张英夫妇拥有富足的物质生活条件，但生活节俭，不办寿宴，不观“动逾数十金”的梨园演出了，不事奢靡之举，家里开销都做精打细算，不敢有半点浪费，却用节省下来的钱雪中送炭、扶危济困，其嘉言懿行泽被后人。

当今社会中也有如同张英夫

妇这般的人。清华大学赵家和教授与其夫人，几十年如一日，节衣缩食，生活清贫，却情系祖国大西北的贫困学子，先后出资1500万成立基金会资助他们完成学业。在赵家和去世四年后，他匿名资助贫困学子的消息才不胫而走。当主持人董卿在《朗读者》栏目上讲述赵家和夫妇的事迹时，亿万国人为之动容！

这类人是“富有的穷人”，富有却过着穷人般的生活。荀子云：“积善成德，而神明自得，圣心备焉。”他们是充满爱心、善心的仁人。

# 守家以田　持家以俭

【原文】

吾贻子孙，不过瘠田[1]数处耳，且甚荒芜不治，水旱多虞[2]；岁入之数，仅足以免饥寒畜[3]妻子而已。一件儿戏事做不得，一件高兴事做不得[4]。生平最喜陆梭山过日治家之法，以为先得我心，诚仿而行之，庶几[5]无鬻产[6]荡家之患。予有言曰："守田者不饥[7]。"此二语足以长世[8]，不在多言。

【注释】

[1] 瘠田：不肥沃的田地。

[2] 水旱多虞：经常担心发生水患或旱灾。

[3] 畜：同"蓄"，养。

[4]"一件"二句：意谓无法任凭自己的喜好做事。

[5] 庶几：差不多；但愿；或许。

[6] 鬻（yù）产：卖掉田产。鬻，卖。

[7] 不饥：不怕饥荒到来。"守田者不饥"是张英立训四语之一，见"总说"部分。

[8] 长世：历世久远。意谓受用无穷。

【译文】

我留给子孙后代的，不过是几处贫瘠的田地罢了，而且还是特别荒芜不易治理，经常担心发生水患或旱灾的；一年的收成，仅仅可以充饥防寒、养育妻子儿女罢了。无法任凭自己的喜好做事，不能做一件儿戏的事，不能做一件得意忘形的事。我一生中最喜欢的就是南宋学者陆九韶先生的管理家事持家过日子之法，因为其治家之法深得我心，所以诚心加以仿效而照做，但愿没有卖掉田产的忧患。我曾说过：“持守田地的人不怕饥荒到来。”上面所说的话足以历世久远、受用无穷，不在于言语之多。

【品评】

这一条，是张英治家的方法和原则。

守家以田的方法。陶渊明诗曰：“人生归有道，衣食固其端。孰是都不营，而以求自安！”（《庚戌岁九月中于西田获早稻》）缺衣少食，吃不饱，穿不暖，个体生命都难以保障，终将人亡家破。所以，治家的首要问题就是养家，养家的基本和核心就是解决温饱问题。农业社会，田地是衣食之源，因此，养家首先要“守田”，只有做好了“守田”，家庭才有物质保障。也基于这个原因，张英反复地教导他的子孙“守田者不饥”的道理。

持家以俭的原则。张英推崇陆梭山的治家过日之法，具体来说，就是把每年的钱分为十二份，每月支取一份，不随意支出浪费钱财，从日常规划做起以养成节俭的良好家风，“庶几无鬻产荡家之患”，才能传家久长。

耕读图（清·王震）

## 珍异之物　决不可好

【原文】

圃翁曰：人生于珍异之物，决不可好。昔端恪公[1]言："士人于一研[2]一琴，当得佳者；研可适用，琴能发音，其他皆属无益。"良然！磁器[3]最不当好，瓷佳者必脆薄，一盏[4]值数十金，僮仆捧持，易致不谨[5]，过于矜束[6]，反致失手。朋友欢宴亦鲜乐趣，此物在席，宾主皆有戒心，何适意[7]之有？瓷取厚而中等者，不至太粗，纵有倾跌亦不甚惜，斯为得中之道[8]也。

【注释】

[1] 端恪公：姚文然（1620—1678），字弱侯，号龙怀，江南桐城（今安徽桐城）人，清初名臣、文学家。桐城派散文大家姚鼐的高祖。20岁时中进士，改庶吉士，兵部侍郎，钦命左都御史，刑部尚书，封光禄大夫。卒后，谥端恪。

[2] 研（yàn）：同"砚"，砚台。

[3] 磁器：即瓷器。

[4] 盏：量词。一盏即一件。或理解为酒器。

[5] 不谨：不小心。

[6] 矜束：举止端庄不苟。

[7] 适意：轻松自在。

[8] 得中之道：适宜的做法。得中，适宜，适当。

【译文】

圃翁说：人生在世，对于珍贵奇异的物品，无论如何不能过于爱好。

过去端恪公姚文然就说过："文人墨士对于一方砚台一张古琴，常常要求得到最好的。砚台可以实用，古琴则可以发音，至于其他物品如追求最好品质，是没什么益处的。"这话说得在理。瓷器是最不应当追求好的，瓷品好的，必然又脆又薄，一件瓷器价值数十金。让童仆捧拿着，容易导致不小心。过于小心翼翼，反而会导致失手。朋友欢聚宴饮，也就必定没有多少乐趣在其中了。这种珍贵物品摆在席间，无论宾客还是主人，都会心存戒备，何来痛快舒适可言？购买瓷器要选取那些厚实的中等品，不要过于粗糙，这样即使倾跌打碎，也不会太心疼。这是比较适宜的做法。

【品评】

戒好奇珍异宝。

物以稀为贵。人们对奇珍异宝有着本能的爱慕，往往奉若神明，争相追捧，恨不得俱为己所有，朝夕耳鬓厮磨之。但张英认为大可不必。

比如，上好的瓷器，价值不菲。童仆捧之，小心谨慎，犹且易于失手；宾客欢宴，持之有戒心，如履薄冰，不但没有享受到平常瓷器的功用，"亦鲜乐趣"。潇洒适意的人生应当是"物物而不物于物"。奇珍异宝，虽光彩夺目，也容易成为人生的枷锁。

文人好砚琴，尤喜佳者。砚磨墨、琴发音，适用而已，外在附加的东西太多，并不一定适用，在无休止的追逐中，人也会迷失方向。想想现代人一味地追求名牌，好名车，好豪宅，是不是犯了同样的错误？人生百年，吃不过一碗饭，睡不过一张床，穿不过五尺衣。老子讲"见素抱朴"，素朴才是人生的底色。

人生贵适意耳，不必追求奇珍异宝，更不能为其所累。

# 字画玩器 皆不可蓄

【原文】

名画法书[1]及海内有名玩器，皆不可畜[2]，从来贾祸招尤[3]，可为龟鉴[4]。购之不啻[5]千金，货[6]之不值一文；且从来真赝难辨，变幻奇于鬼神。装潢易于窃换，一轴得善价，继至者遂不旋踵[7]。以伪为真，以真为伪，互相讪笑，止可供喷饭[8]。昔真定梁公[9]有画、字之好，竭生平之力收之，捐馆[10]后为势家所求索殆尽。然虽与以佳者，辄谓非是[11]，疑其藏匿。其子孙深受斯累，此可为明鉴者也。

【注释】

[1] 法书：又称法帖，指学习书法的范本。这里是对古代名家墨迹的敬称。

[2] 畜（xù）：积聚，储藏。这里指收藏。

[3] 贾（gǔ）祸招尤：带来灾祸、怨恨。贾，买。尤，怨恨。

[4] 龟鉴：犹龟镜。比喻借鉴。龟以卜吉凶，镜以辨美恶。

[5] 不啻（chì）：不止，不只。

[6] 货：即卖，作动词。

[7] 不旋踵：来不及转身。比喻时间极短、迅速。踵，脚后跟。

[8] 可供喷饭：形容事情可笑。

[9] 梁公：梁清标（1620—1691），字玉立，一字苍岩，号棠村，一号蕉林。直隶真定（今河北正定）人。清初著名的书画收藏家、鉴赏家。曾任兵部尚书、礼部尚书、刑部尚书、户部尚书，后授光禄大夫、保和殿大学士。

[10] 捐馆：人离世的婉辞。也作捐舍。人死则弃其所住之馆舍，故曰

捐馆。捐，弃。

[11] 辄谓非是：总是以为不是真品。

【译文】

名画名帖以及海内有名的供赏玩的器物，都不可以收藏。收藏则会招灾引祸，由来如此，足以为戒。花费重金买来的藏品，待到转手卖出时就不值几个钱了。况且书画古玩这些东西，从来都是真伪难辨，变幻莫测，比鬼神还要奇妙。其装潢裱糊，很容易被偷梁换柱、移花接木。倘若一幅字画卖得了高价，其他卖家就会蜂拥而至。将赝品当作真品，或把真品认作假货，互相取笑讥讽，如此等等，不过是给局外人提供笑料而已。过去真定人梁公爱好字画，竭尽平生所有财力搜购。然而梁公离世之后，所藏字画遭有权有势之人索求，最后所剩无几。而且虽然给出了上佳的东西，买家总认为不是真品，怀疑梁家人把好东西藏匿起来了。梁公的子孙后代因此深受其累，这真是能够引以为戒的鲜活事例了。

侍读图（任熊）

【品评】

戒收藏名画书法、古董玩器。

名画书法、古董玩器，价值连城，奇货可居，但张英认为这些“皆不可蓄”。其一，

名画书法、古董玩器真假难辨，一招出手不慎，即陷深渊；其二，招惹是非，围绕名画书法、古董玩器的明争暗斗也可能招来杀身之祸，演化为血雨腥风。因此，在张英看来，名画书法、古董玩器固有其不朽的价值，但收藏这些东西绝非持家长久之道。

真定梁公倾其一生之力，收藏字画，终致财散家败！前事不忘，后事之师。所以，张英殷殷告诫子孙不可收藏名画书法、古董玩器。“耕读传家久，诗书济世长”，耕读才是家业之本，兴盛之基。这是中国社会的传统，也是张英的家训。也许正是恪守着这样的传统和家训，张家才能够繁衍不息，成为当地的名门望族。

## 人家僮仆　不宜多蓄

【原文】

圃翁曰：人家僮仆，最不宜多畜。但有得力二三人，训谕[1]有方，使令[2]得宜，未尝不得兼人[3]之用。太多则彼此相诿[4]，恩养必不能周[5]，教训亦不能及，反不得其力。且此辈当家道盛，则倚势作非，招尤结怨；家道替[6]，则飞扬跋扈[7]，反唇卖主，皆势所必至。予欲令家仆皆各治生业[8]，可省游手游食之弊，不至于冗食为非[9]也。

【注释】

[1] 训谕：训诲，开导。

[2] 使令：差遣，使唤。

[3] 兼人：指能力倍于他人，一人能顶两人。

[4] 相诿：互相推卸责任。

[5] 周：顾及全部。

[6] 替：衰落。

[7] 飞扬跋扈：骄横放肆，目中无人。飞扬，放纵。跋扈，蛮横。

[8] 生业：指谋生的手段、职业。

[9] 冗食为非：吃闲饭做恶事。

【译文】

圃翁说：家里的奴婢仆人，最不宜蓄养过多。倘若有两三个能干的仆人，训导得法，使唤得当，则未必不能一人顶几人用的。如果仆人蓄养过多，他们就会互相推诿，同时主人对他们的关照给养就必定出现不均匀的现象，教育和训导也会有顾不过来的时候，如此一来，反

而不能达到人尽其才、才尽其用的目的。而且，像奴仆这类人，当主家家业兴盛的时候，他们会倚仗势力为非作歹，招怨结仇；而当主家家道衰落的时候，他们便会骄横放肆，卖主求荣，这些都是必然的。我准备让我的家仆们各自掌握谋生的手段，这样就可以除去他们游手好闲、白吃干饭的坏毛病，不至于坐吃闲饭、为非作歹。

【品评】

“金紫万千谁治国，裙钗一二可齐家”是曹雪芹对王熙凤的评价。想想荣府上上下下几百口的大家族，被一女子治理得井井有条，真是令万千男子汗颜。故曰治家不在于是男人还是女人，也不在于多少，但有得力者二三人足矣。

蓄养僮仆也非多多益善，过多甚至会添乱。《红楼梦》第十三回王熙凤协理宁国府首先想到的五个问题：头一件是人口混杂，遗失东西；第二件，事无专执，临期推委；第三件，需用过费，滥支冒领；第四件，任无大小，苦乐不均；第五件，家人豪纵，有脸者不服钤束，无脸者不能上进。张英也讲僮仆太多往往教训不及，遇事相互推责，在外依仗势力为非作歹，“反不得其力”。所以张英治家的经验就是僮仆“最不宜多蓄”。

对家庭、对企业、对国家，都是这个道理。本来一个人能做的事情换成两个人做，效率不仅不会提高，甚至会带来“一个和尚有水吃，两个和尚抬水吃，三个和尚没水吃”的困境，所以“人多力量大”也不是放之四海而皆准的至理名言。兵在精而不在多，多而没有有序的管理必然带来效率低下。张英的治家格言、王熙凤的管理艺术都可以给我们带来很多启示。

# 选用僮仆　勿取黠慧

【原文】

且僮仆甚无取乎黠慧者[1]。吾辈居家居官，皆简静守理，不为暗昧之事[2]，至衙门政务皆自料理，不烦干仆[3]巧权门之应对[4]，为远道之输将[5]，打点机密，奔走势利；所用者不过趋蹡[6]洒扫、负重徒步之事耳，焉用聪明才智为哉？至于山中耕田锄圃之仆，乃可为宝；其人无奢望、无机智，不为主人敛怨。彼纵不遵约束，不过懒堕愚蠢之小过，不必加意防闲，岂不为清闲之一助哉？

【注释】

[1] 黠（xiá）慧者：指聪敏中带点狡猾的人。

[2] 暗昧之事：指见不得人的丑事。暗昧，不光明，不可告人。

[3] 干仆：能干的仆人。

[4] 巧权门之应对：巧妙地去跟权势之家周旋应付。

[5] 为远道之输将：到远地去送礼，疏通关系。输将，缴纳财物。

[6] 趋蹡（qiāng）：奔走侍奉。

【译文】

在选用奴仆时，一定不要挑那些机敏而狡猾的人。我等无论是在家闲居还是在朝为官，都崇尚简约沉静，遵循事理，不做见不得人的事。至于官署里的事务，都是亲自处理。无须能干的仆人替我与权贵豪门周旋，或者到远地去送礼，也不用他们替我行贿办秘密的事情，不用奔走于势大权重者的门下。我所需要他们做的，不过是一些奔走侍奉、洒水扫地、挑担跑腿之类的体力劳动，何必用那些聪明有才智的人呢？

至于那些在山里耕田锄地的仆人，那就可以当宝了。他们没有非分之想，没有机诈之心，不会给主人招惹怨恨。即便他们不遵守规矩，也不过是偷懒犯傻之类的小过错，主人没有必要刻意防范，这对主人安享清闲不是一大帮助吗？

【品评】

忠厚老实是张英选用僮仆的第二条准则。

记得上世纪八十年代，笔者还在上小学，老师在期末评语中总会给我们写上诸如“该生忠厚老实”之类的话，其本意还是褒扬嘉奖的。但时过境迁，现在如果说某人忠厚老实，就有点损人的意思了。

其实忠厚老实本身具有双重性：一方面意味着憨厚本分、能吃苦受累、认真负责、忠诚讲规矩、社会信誉度高；另外一方面又意味着木讷不善言辞、不圆通、没有心眼、不爱动脑、喜欢按部就班、没有创新精神。至于是好是坏，很难有一个定论，关键看处于什么位置，如果在革新的前沿阵地，忠厚老实所代表的思维方式很容易成为前进的障碍。

张英认为选择家奴还是要老实本分之人，他们勤勉干活，没有狡黠之心，不惹是生非，是主人清闲的最好助手！当今社会我们不再役使奴仆，但张英的知人善任、各得其所的用人方法依然能够给管理者们提供有效的借鉴。

## 兄弟融洽　其乐无涯

【原文】

法昭禅师偈[1]云："同气连枝[2]各自荣，些些言语莫伤情。一回相见一回老，能得几时为弟兄？"词意蔼然[3]，足以启人友于[4]之爱。然予尝谓人伦有五[5]，而兄弟相处之日最长。君臣之遇合[6]，朋友之会聚，久速固难必也。父之生子，妻之配夫，其早者皆以二十岁为率[7]。惟兄弟或一二年，或三四年相继而生，自竹马游戏[8]，以至鲐背鹤发[9]，其相与周旋[10]，多者至七八十年之久。若恩意浃洽[11]，猜间不生[12]，其乐岂有涯哉？

【注释】

[1] 偈（jì）：佛经中的唱词，多为四句。

[2] 同气连枝：谓兄弟如同一棵树上相连的枝干。

[3] 蔼然：和气的样子。

[4] 友于：语出《尚书·君陈》："惟孝，友于兄弟。"后以"友于"为兄弟的代称。

[5] 人伦有五：封建社会中人与人之间的君臣、父子、夫妇、兄弟、朋友五种关系。

[6] 遇合：相遇契合。

[7] 率：准则。

[8] 竹马游戏：把竹竿当马骑的游戏，此处比喻童年。

[9] 鲐（tái）背鹤发：形容老年。鲐背，鲐鱼背有黑纹，此处指老人皮肤有斑纹似鲐背。鹤发，鹤羽为白色，此处指老人头发斑白似鹤羽。

[10] 周旋：来往应接。

[11] 恩意浃（jiā）洽：感情融洽。

[12] 猜间不生：没有任何猜疑嫌忌。

【译文】

法昭禅师有一首偈："兄弟之间如同一棵树上相连的枝干一样各自发展，不要为了一些言语意见不同而伤了感情。每相见一次人就老了一些，世上还有多少时间能够再当兄弟？"词意很和气，足以阐述人与人之间的兄弟之爱了。我曾经说过，人与人之间有君臣、父子、夫妇、兄弟、朋友五种关系，其中兄弟相处的时间最为长久。君王和臣下的相遇契合，亲朋好友的相聚会合，其时间的长短是难以固定的。父母生育儿女，妻子婚配夫君，其最早也以二十岁为限。惟有兄弟或一两年、或三四年相继出生，从以竹竿当马骑的童年，一直到头发变白脸上有黑斑的老年，其间相互来往应接，长达七八十年之久。若能感情融洽，没有任何猜疑嫌忌，岂不是乐趣无限？

【品评】

兄弟之情诚可贵，人生苦短要珍惜。

一母同胞是兄弟，同气连枝，血浓于水，打断骨头连着筋。人生不过百年，能够成为兄弟，能够一生相守，是人生的福分和缘分，要懂得珍惜。岁月流转，"能得几时为弟兄？"良言一句三冬暖，时时的嘘寒问暖，兄弟之情会更加友爱、稳固。

在君臣、父子、夫妇、兄弟、朋友五伦关系中，张英认为兄弟相处之日最久，从垂髫少年到鹤发老翁，多者七八十年，"相与周旋""猜间不生"，乃人生之无穷乐也。即使偶有摩擦、冲突，也要有鲁迅所说的"渡尽劫波兄弟在，相逢一笑泯恩仇"的气度和胸怀。如果弄成了"煮豆燃豆萁，豆在釜中泣。本是同根生，相煎何太急"般的兄弟相残，那绝对是人生的一大悲剧。

颜之推在《颜氏家训》里讲："兄弟不睦，则子侄不爱；子侄不爱，则群从疏薄；群从疏薄，则僮仆为仇敌矣。”意思是说兄弟之间不和睦，那他们的后辈就不可能相亲相爱；后辈之间不相亲相爱，家庭成员关系就会疏远淡薄；家庭成员关系疏远淡薄，僮仆之间就会相互仇视、攻讦，从而最终导致整个家族走向分崩离析的局面。张英有四个儿子，他不断告诫其后辈们兄弟情义的珍贵，也有保家的深意。

泛舟图（任伯年）

## 兄弟相伴　人间至乐

【原文】

近时有周益公[1]，以太傅[2]退休，其兄乘成先生[3]，以将作监丞[4]退休，年皆八十，诗酒相娱者终其身。章泉赵昌甫兄弟，亦俱隐于玉山之下，苍颜华发，相从于泉石之间，皆年近九十，真人间至乐之事，亦人间希有之事也。

【注释】

[1] 周益公：周必大（1126—1204），字子充。南宋政治家，官至枢密使、右丞相，后封济国公。

[2] 太傅：中国古代职官，三公之一。历朝历代都有设置，但多为虚衔。

[3] 乘成先生：周必正，周必大的从兄，官至将作监丞。

[4] 将作监丞：古代掌管建筑工程的官员。

【译文】

南宋时期的周必大先生，在太傅的职位上告老还乡，他的堂兄周必正先生，在将作监丞的职位上告老还乡，他们二人都已八十高龄，两人一天到晚吟诗唱曲、饮酒自乐，一直到去世。章泉地区的赵昌甫兄弟，都在玉山脚下隐居，已是容颜苍老、头发花白，却一起游玩在山水之间，他们二人都已近九十岁，这真是人间最快乐的事情了，也是人间的稀罕事啊。

【品评】

孟子曰："君子有三乐，而王天下者不与存焉。父母俱在，兄弟无故，一乐也；仰不愧于天，俯不怍于人，二乐也；得天下英才而教育之，三乐也。"其中父母健在，兄弟没有疾病、怨恨，乃是人生一乐。

简言之：兄弟最长久，人间至乐事。周必大、周必正堂兄弟告老还乡之后，均已八十高龄仍以诗酒相娱；章泉赵昌甫兄弟，苍颜白发，年近九十，游于泉石之间；这是诗酒之乐，是山林之乐，更是兄弟天伦至久之乐！

山水（冯超然）

# 子弟康宁　父母心安

【原文】

山有猛兽，则藜藿[1]为之不采；家有子弟，则强暴为之改容。岂止掇青紫[2]、荣宗祊[3]而已哉？予尝有言曰：“读书者不贱”，不专为场屋[4]进退而言也。

父母之爱子，第一望其康宁[5]，第二冀其成名，第三愿其保家。语曰：“父母唯其疾之忧。”[6]夫子以此答武伯之问孝。至哉斯言！安其身以安父母之心，孝莫大焉。

【注释】

[1] 藜藿（lí huò）：指粗劣的饭菜。

[2] 掇（duō）青紫：取得高官显爵。掇，拾取。青紫，本为古时公卿绶带之色，因借指高官显爵。

[3] 荣宗祊（bēng）：荣耀祖先宗庙，即光宗耀祖之意。宗祊，宗庙。祊，古代称宗庙之门。

[4] 场屋：科举时代士子应试的场所。亦称科场。

[5] 康宁：平安无病。

[6] 父母唯其疾之忧：语出《论语·为政》。一般理解为，父母最为子女生病担忧。

【译文】

山中有猛兽，即使像藜藿这样的贱菜也不会有人去采拾；家中有子弟，即使是强梁之徒也会因此改变态度。难道仅仅只是为了高官厚禄、荣耀祖宗吗？我曾经说过：读书的人是不会卑贱的。这不仅仅是指科场胜败而说的啊。

父母疼爱儿子，第一希望他能健康安宁，第二希望他能取得功名，第三希望他能保全家庭。《论语》说“做父母的最为子女生病担忧”，孔夫子用这个来回答孟武伯向他请教孝道的问题。这句话说得多么深刻啊！让自己的身体安宁，用来安定父母的心情，再没有比这个更能体现出孝道的了。

【品评】

身为父母首先期盼的是子女们身体安康，其次扬名立世，再次保家耀祖。张英一语中的地道出了普天下父母共同的心声。

孟武伯问孝，孔子答曰：“父母唯其疾之忧。”意思是说父母爱子女，唯恐子女有疾病。反过来说，孩子的身体是父母最大的牵挂，子女安康就会减少父母的担忧，就是对父母最大的孝敬。《孝经·开宗明义》指出：“身体发肤，受之父母，不敢毁伤，孝之始也。”习惯批判的我们，更应追问其中的现实价值和积极意义。试想，一个对自己生命都不负责的人，又何谈对家庭、社会、国家的担当。儿行千里母担忧，母亲担心千千万，最牵挂的仍然是孩子的健康平安。

孝敬父母，从爱惜自己的身体开始。让自己身体安康，才会让父母安心，这就是对父母最大的孝。现实社会中，有些人为情感所苦恼、为人生而困惑时，选择自残或轻生，希望张英的这些金玉良言能够给他们带来启示。

# 安分寡交　固本怡情

【原文】

我见汝曹所作诗文，皆有才情、有思致[1]、有性情，非梦梦[2]全无所得于中者，故以此谆谆告之。欲令汝曹安分省事，则心神宁谧而无烦扰之害；寡交择友，则应酬简而精神有余；不闻非僻之言，不致陷于不义；一味谦和谨饬，则人情服而名誉日起。

制艺[3]者，秀才立身之本；根本固，则人不敢轻，自宜专力攻之。余力及诗字，亦可怡情。良时佳辰，与兄弟姊夫辈，一料理山庄，抚问松竹，以成余志。是皆于汝曹有益无损，有乐无苦之事，其味聪听之义[4]。

【注释】

[1] 思致：才思。

[2] 梦梦：昏乱。《诗经·大雅·抑》："视尔梦梦，我心惨惨。"

[3] 制艺：即八股文。明清科举考试时的一种文体，全文分为八段，分别是破题、承题、起讲、提比、虚比、中比、后比、大结，字数固定，过多或太少皆不及格。

[4] 其味聪听之义：体会这些明于辨察的道理。

【译文】

我看了你们所写的诗文，都很有才情、有才思、有情感，并不是昏乱好似全无所得的样子，因而将此谆谆告诫于你们。想要你们安分省去不必要之事，从而心宁神静没有纷纷扰扰的祸害；要尽量少地结交朋友，从而省去过多的应酬而精神饱满充沛；要不听坏话脏话，从而不至于陷入不仁不义的境地；时刻保持谦虚谨慎、谨慎检点的作风，就会使别人佩服而名誉一天天地增长。

科举考试所要求写的八股文，是秀才们立身成名的根本所在，根本稳固了，人们也就不敢轻视了，你们应该集中精力钻研，剩下的精力还可以再写写诗文或练练毛笔字，也是可以怡情的。在风和日暖的日子里，应该和兄弟姊妹们一起到山庄去打理一下，照管松树竹林，来实现我未完的志向。所有这些都是对你们有益无害、有乐无苦的事情，要体会这些明于辨察的道理。

【品评】

张英教子有五点告诫：

安守本分，通俗地讲就是恪守职责，扮演好自己的角色。传统儒家强调礼，孔子认为的理想社会是一个秩序井然的存在，每个人都要各就其位，遵循礼的要求和规范，不能有所僭越。当季氏“八佾舞于庭”时，孔子发出“是可忍孰不可忍”的怒吼。漫画家蔡志忠也说：“自己是什么就做什么；是西瓜就做西瓜，是冬瓜就做冬瓜，是苹果就做苹果；冬瓜不必羡慕西瓜，西瓜也不必嫉妒苹果……”从现代社会分工的角度来讲，各司其职，做好分内之事，也是社会和谐进步的重要保障。

三多图（潘振镛）

交友择友要少。“有朋自远方来，不亦乐乎”“朋友多了路好走”，不论是古代还是现代，人们似乎更多的都在讲述朋友的难得和可贵，但是张英告诫他的子弟们“寡交择友”，交友多导致应酬频繁、精力耗损，觥筹交错中蹉跎人生。反观当下，我们每天是不是在对无尽更新着的微信朋友圈、QQ好友群、微博的关注中碎片化了时间，目标不再专注，生活也支离破碎。对于现代人来说，张英的交友观是一剂良药，也是一种善意的提醒。

为人处世谦和谨慎。态度谦和，易于被他人接受；做事谨慎，才会减少瑕疵和漏洞。故谦虚和谨慎是立身持家的法宝。

科举为本。张英把科举考试所要求写的八股文列为立身之本，尤要专攻。封建社会，读书人光耀门楣、显亲扬名的唯一出路就是应科举、取功名。“朝为田舍郎，暮登天子堂”，走的就是科举一路。家训的要求，家风的熏陶，张英一门“以科第世其家，四世皆为讲官”才得以成为佳话和美谈。

作诗、练习书法陶冶性情。张英认识到诗歌和书法对于性情的陶冶作用，但也只不过是余力所及，这也体现出当时传统知识分子的局限性。

# 言思可道　行思可法

【原文】

思尽人子之责，报父祖之恩，致乡里之誉，贻后人之泽，惟有四事：一曰立品，二曰读书，三曰养身，四曰俭用。世家子弟原是贵重，更得精金美玉[1]之品，言思可道，行思可法，不骄盈、不诈伪、不刻薄、不轻佻，则人之钦重较三公[2]而更贵。予不及见[3]祖父赠光禄公恂所府君，每闻乡人言其厚德，邑人仰之如祥麟威凤[4]。方伯公己酉[5]登科，邑人荣之，赠以联曰："张不张威，愿秉文文名天下；盛有盛德，期可藩藩屏王家。"至今桑梓[6]以为美谈。父亲赠光禄公拙庵府君，予逮事三十年，生平无疾言遽色[7]，居身节俭，待人宽厚，为介弟[8]未尝以一事一言干谒[9]州县，生平未尝呈送一人，见乡里煦煦以和[10]，所行隐德甚多，从不向人索逋欠[11]，以故三世皆祀于乡贤[12]。请主入庙之日，里人莫不欣喜，道盛德之报，是亦何负于人哉？

【注释】

[1] 精金美玉：比喻纯良温和的人品。

[2] 三公：古代高级官爵之名，历代三公所指各有不同，周朝指太师、太傅、太保，东汉指太尉、司徒、司空。

[3] 予不及见：所言乃未来之事，吾已年老，恐来不及见。

[4] 祥麟威凤：指瑞兽麒麟和瑞鸟凤凰。

[5] 己酉：当指清康熙八年己酉岁，即公元 1667 年。

[6] 桑梓：指家乡、故乡。古时人们喜欢在房前屋后栽种桑树和梓树，后以桑梓之地作为故乡的代称。

[7] 疾言遽色：言语神色急躁粗暴。

[8] 介弟：对弟弟的爱称。

[9] 干谒（yè）：对人有所求而请见。

[10] 煦（xù）煦以和：愉快和睦地相处。

[11] 逋（bū）欠：即拖欠。

[12] 乡贤：乡里德高望重的人。

【译文】

要想尽到做人子女的责任，报答祖辈的恩情，得到乡里的赞誉，遗留给后人恩惠，就要做到以下四点：一是树立品德，二是读书学习，三是修养身心，四是勤俭节约。世家子弟，本就身份贵重，再加上具有纯良温和的人品，说话要想着能够让别人接受，做事要想着能够让别人遵行，不骄傲自满，不奸诈虚伪，不过分苛求，不轻佻傲慢，那么人们对他们会愈发钦佩敬仰，甚至超过了对那些尊显的高级官员的敬仰。我没见到过我的祖父光禄大夫张四维，每当听到乡里人说到他的深厚恩德，人们敬仰他就像敬仰瑞兽瑞鸟那样。我的伯父在康熙八年已酉岁登科成为举人，乡里人引以为荣，赠送给他一副对联说："张不张威，愿秉文文名天下；盛有盛德，期可藩藩屏王家。"直到今天乡里人还在称颂这件事。我的父亲赠光禄大夫名叫拙庵，我侍奉他已有三十余年了，从未看到他有激烈急躁粗暴的言语或神色，对自己节俭省用，对他人宽容厚道。身为父母官的亲弟，却从未因为一件事或一句话而求告接见，也没有私下里呈送一个人去做官。看见乡亲们总是和蔼可亲，一生中做过很多不为一般人所知的善事，从来也不去向那些拖欠钱粮的人索要欠账，因此我家三代人都享受乡贤这种特殊的祭祀。在请神灵入主乡庙的日子里，乡里人没有不欣喜快慰的，说到对于盛德的报偿，上天又怎么会负于天下人呢？

【品评】

张英认为要尽人子之责、报父母之恩、致乡里之誉、泽被后人必须做好四件事：立品、读书、养身、俭用。

立品，即树立品德。对于德性、品性孜孜不倦的追求是中国传统文化的重要因子，《左传·襄公二十四年》曰："太上有立德，其次有立功，其次有立言，虽久不废，此之谓不朽。"后人谓之"三不朽"，其中立德是处于第一位的。时至今日，我们仍然把立德树人作为教育的首要责任和目标。修德以立身，注意自己的言行，不骄奢、不奸诈、不虚伪、不刻薄，做一个顶天立地、堂堂正正的男儿，才会被世人所敬重，这是比位居三公更加重要、更为可贵的事情，张英如是教诲自己的子女。

追寻先辈的足迹，张英是充满自豪感的，厚德之祖父、盛德之伯父、隐德之父亲都被乡里所称颂，配祀乡贤，荣耀至极。张英通过阐述祖先的德业和荣耀，就是告诉后人有德必有报，并且是厚报，后世子孙应该继承良好的家风，修德立品以光耀门楣。

# 世家子弟　居安思危

【原文】

古称仕宦之家，如再实之木，其根必伤[1]，旨哉斯言[2]，可为深鉴。世家子弟，其修行立名之难，较寒士百倍。何以故？人之当面待之者，万不能如寒士之古道[3]：小有失检，谁肯面斥其非？微有骄盈，谁肯深规其过？幼而骄惯，为亲戚之所优容[4]；长而习成，为朋友之所谅恕。至于利交而谄[5]，相诱以为非；势交而谀[6]，相倚而作慝[7]者，又无论矣。

【注释】

[1] 再实之木，其根必伤：一年之内两次结实的树，它的根部一定受损。《后汉书·皇后纪上》："常观富贵之家，禄位重叠，犹再实之木，其根必伤。"比喻过度的幸运者，反而会招致灾害。

[2] 旨哉斯言：这句话很精辟。

[3] 古道：真诚、忠厚。

[4] 优容：宽容。

[5] 利交而谄：因利益关系而交往，便极尽谄媚之能事。

[6] 势交而谀：因势力关系而交往，便极尽阿谀之能事。

[7] 相倚而作慝（tè）：狼狈为奸，勾结作恶。慝，藏于心中的恶念。

【译文】

古人认为世代为官的家族，如同一年之内两次结实的树，它的根部一定受了损伤，这句话很精辟，可以细加体察。出身于世代显贵家庭的子弟，他们要修身立行成名成家，相较于贫寒子弟来，要难得多。这是为什么呢？人们当面对待他们远不如对待贫家子弟般真诚：有小的过失，谁肯当面斥责他的不对？稍微有点骄傲自满，谁肯深刻规劝他的过错？从小就骄纵，被亲戚们所优待宽容；长大后习惯成自然，被朋友们所谅解宽恕。还有那些因利益关系而交往，极尽谄媚之能事，引诱他们走向邪道的人；那些因势力关系而交往，极尽阿谀之能事，勾结作恶的人，更是不用说了。

【品评】

居安当思危。

官宦人家，经济优裕，地位高贵，能够聘请名师教学，为后辈提供更好的教育环境和条件。但任何事情都具有两面性，正如老子所言“祸兮，福之所倚；福兮，祸之所伏”，官家子弟修身立名也会面临着更大的诱惑和危机。从小骄纵，容易为亲戚之所宽容；闪失错误，容易为朋友之所宽恕；富贵之身，更易为谄媚左右，丧失本心。因此，在诱惑面前，富家子弟心性摇荡，自身问题得不到及时纠正，难于修身，最终一事无成。古人讲：“自古英雄多磨难，从来纨绔少伟男。”说的大概就是这个道理。

岁朝清供（徐菊庵）

张英所处家族虽贵为官宦之家，但他能够洞彻家族耀目光环下隐藏的危机，谆谆告诫后辈们要更严格地要求自己，而不能做匆匆倒下去的“官二代”。在当今社会层出不穷的“我爸是李刚”之类的事件面前，张英的开明通达及其居安思危的治家之道，更是凸显了其可贵的价值。

## 富贵人家　贵在自知

【原文】

人之背后称之者，万不能如寒士之直道：或偶誉其才品，而虑人笑其逢迎；或心赏其文章，而疑人鄙其势利。甚至吹毛索瘢[1]，指摘其过失而以为名高；批枝伤根[2]，讪笑[3]其前人而以为痛快。至于求利不得，而嫌隙易生于有无[4]；依势不能，而怨毒相形于荣悴[5]者，又无论矣。

【注释】

[1] 吹毛索瘢（bān）：即吹毛求疵，挑小毛病。瘢，疮痕，比喻缺点或过失。

[2] 批枝伤根：意谓攻击其子孙，伤害其先祖。

[3] 讪（shàn）笑：讥笑。

[4] 嫌隙易生于有无：因利益而产生嫌隙和矛盾。

[5] 相形于荣悴：相互比较彼此的富贵贫贱。

【译文】

人们在背后称颂富贵人家子弟，远不如对待贫家子弟那样正直坦城：有时偶尔赞誉其才能品德，却又担心别人说他是在逢迎拍马屁；有时发自内心欣赏其文章，却又疑心别人鄙夷他是势利小人。更甚者反要吹毛求疵，挑小毛病，指责其过失，以此博取敢于触犯权贵的名声；甚至攻击他们自身尤嫌不够，还要波及其先人，将这看成最大的痛快。至于那些求取利益而没有得逞，因利益而产生嫌隙和矛盾的人；而依仗势力而没有得逞，相互比较彼此的富贵贫贱而有所怨恨的人，也是不用说了。

【品评】

知人者智，自知者明，人贵有自知之明。

身处富贵之家，与寻常家庭相比，其实更难听到真实的声音。如果没有自知之明，就会迷失方向，无所适从。身为王公贵族，人们赞其才品，担忧有逢迎之嫌；赏其文章，担心有势利之疑；故此通达平和之论鲜见矣。也有人吹毛求疵，无事生非，以此求得高名；更有求利不得、攀附不能之人，而嫌隙、怨毒生焉。富贵之家，光鲜亮丽的背后潜藏着危机和陷阱，如果没有清醒的头脑，终日躺在父辈的功劳簿上洋洋自得，最终只能自毁前程。

张英贵有自知之明，为官不骄，时刻保持警惕，客观看待现实，不为“糖衣炮弹”左右，充满理性的智慧，并把这种观念传递给后世子孙，时时告诫他们勤勉修身，以成正道。张家代代相传，长盛不衰，终成桐城名门望族，这与张英“居安思危”“自知之明”的治家理念密不可分。

## 富贵而骄　自遗其咎

【原文】

故富贵子弟，人之当面待之也恒恕，而背后责之也恒深，如此则何由知其过失，而显其名誉乎？故世家子弟，其谨饬[1]如寒士，其俭素如寒士，其谦冲小心如寒士，其读书勤苦如寒士，其乐闻规劝如寒士，如此则自视[2]亦已足矣；而不知人之称之者，尚不能如寒士。必也谨饬倍于寒士，俭素倍于寒士，谦冲小心倍于寒士，读书勤苦倍于寒士，乐闻规劝倍于寒士；然后人之视之也，仅得与寒士等。今人稍稍能谨饬俭素，谦下勤苦，人不见称[3]，则曰：世道不古，世家子弟难做。此未深明于人情物理之故者也。

【注释】

[1] 谨饬（chì）：谨慎检点。

[2] 自视：自以为。

[3] 见称：被称赞。

【译文】

富贵人家的子弟，人们在当面对待他们时常是宽容大度的，而在背后则是深深加以责备。如此一来，富贵人家的子弟从哪里能知道自身的过失，从而显扬自己的名誉声望呢？因此，世代做官人家的子弟，谨慎检点如同贫寒子弟一样，节俭朴素如同贫寒子弟一样，谦虚谨慎如同贫寒子弟一样，勤奋读书如同贫寒子弟一样，善待规劝如同贫寒子弟一样，这样一来自认为已经足够了；殊不知，人们对他们的称赞远不如对贫寒子弟的称赞。只有做到比贫寒子弟加倍谨慎检点，加倍节俭朴素，加倍谦虚谨慎，加倍勤奋读书，加倍善待规劝，这样也才仅仅能博得与贫寒子弟一样的称赞。现今的人们稍能做到谨慎检点、节俭朴素、谦虚谨慎、勤奋努力，如果人们不给他们以很高的称赞，他们就会说：世道不如从前了，世代做官人家的子弟难做。这是没有深刻认识到人情与事物内在道理的缘故。

【品评】

《战国策》中《邹忌讽齐王纳谏》篇有记载，齐国有个名叫邹忌的大臣，他并没有在妻子、妾以及宾客的轮番逢迎下，迷失自我，而是幡然醒悟：“吾妻之美我者，私我也；妾之美我者，畏我也；客之美我者，欲有求于我也。”妻子因为偏爱自己、妾因为害怕自己、客人因为有求于自己，而都说自己比城北徐公美，而实际上自己并不如城北徐公美。邹忌从中悟出自己受到了蒙蔽，从而想到齐威王受到的蒙蔽，应该比自己更严重，于是进谏齐王：“今齐地方千里，百二十城，宫妇左右莫不私王，朝廷之臣莫不畏王，四境之内莫不有求于王：由此观之，王之蔽甚矣。”富贵子弟面对与齐王、邹忌相近的境遇——被蒙蔽甚矣，但多数人浑然不觉，骄奢淫逸、姑息纵容，最后家破人亡。

教子图（任薰）

张英时时告诫子孙要更加严格地要求自己：要“谨饬倍于寒

士，俭素倍于寒士，谦冲小心倍于寒士，读书勤苦倍于寒士，乐闻规劝倍于寒士”。第十三代莲宗世祖印光大师曾训言：“须知越富贵，越要勤学。”因为在他人眼中，世家子弟享有优渥的资源，取得了成功，那是托庇祖荫，理所当然；失败了，那是无能，是家门不幸。所以世家子弟要付出更多的努力，才能获得与贫寒子弟相当的赞誉。世家子弟如果能够铭记此等箴言，躬身修行，定能成就一番功业，扬名立万。

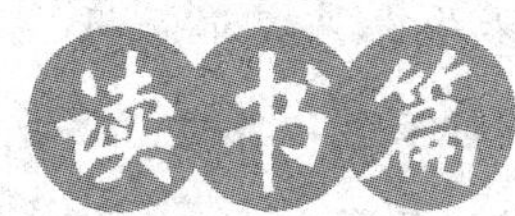

# 读书篇

圣贤领要之语曰："人心惟危，道心惟微。"人心至灵至动，不可过劳，亦不可过逸，唯读书可以养之。每见堪舆家平日用磁石养针，书卷乃养心第一妙物。

## 人心惟危　读书养心

【原文】

圃翁曰：圣贤领要[1]之语曰："人心惟危，道心惟微。"[2]危者，嗜欲之心，如堤之束水[3]，其溃甚易，一溃则不可复收也。微者，理义之心，如帷之映镫[4]，若隐若现，见之难而晦[5]之易也。人心至灵至动，不可过劳，亦不可过逸，惟读书可以养之。每见堪舆家[6]平日用磁石养针，书卷乃养心第一妙物。闲适无事之人，镇日[7]不观书，则起居出入，身心无所栖泊[8]，耳目无所安顿，势必心意颠倒，妄想生嗔，处逆境不乐，处顺境亦不乐。每见人栖栖皇皇[9]，觉举动无不碍者，此必不读书之人也。

【注释】

[1] 领要：要领，指话语或文章等的要点。

[2] 人心惟危，道心惟微：人心是危险难测的，道心是幽微难明的。语出《尚书·大禹谟》："人心惟危，道心惟微；惟精惟一，允执厥中。"意思是说性情之心易私而难公，故益加危殆；义理之心易昧而难明，故常隐微不显；惟有专一精诚，秉持中道而行。

[3] 束水：拦蓄、抵御洪水。

[4] 帷之映镫（dèng）：用布幔遮蔽灯光。帷：帘幕。镫：同"灯"，指油灯。

[5] 晦：隐藏。

[6] 堪舆家：风水先生。

[7] 镇日：从早到晚，整天。

[8] 栖泊：栖息停靠。此处指心灵之寄托。

[9] 栖栖皇皇：恐惧不安的样子。

【译文】

圃翁说：古圣先贤的话语或文章等的要点是："人心是危险难测的，道心是幽微难明的。"所谓危险难测，就是指的贪婪欲望之心，就像抵御洪水的堤坝，是极容易溃决的，一旦溃堤就不可收拾了。所谓幽微难明，就是指的公理与正义之心，就像用布幔遮蔽灯光一样，隐隐约约，看不清楚，很难清楚地看见而极易隐藏。人心是最为聪慧也是最易动摇的，不可以过度辛苦，也不可以过于安逸，唯有读书可以涵养心志。时常见到风水先生平日里用磁石来养护罗盘针，而书卷则是涵养心志的最佳之物。清闲安逸无所事事的人，整天不读书，那么起居进出之时，心灵就缺少寄托，眼睛所看、耳朵所听的东西就没有着落，这样一来势必造成心神不宁、胡思乱想，从而动怒生气，身处逆境时闷闷不乐，身处顺境时也郁郁寡欢。每当看到有人恐惧不安、心神不宁，感到其行为举止无不受到阻碍之时，此人必定是那种从来不读书的人。

秋树读书图（冯超然）

【品评】

读书安顿心灵。

自宋真宗的《励学篇》流传以来，"书中自有黄金屋""书中自有颜如玉"就成为天下士子读书的圭臬。以读书求取功名本无可厚非，但通过读书以养心、安顿心灵，更值得效法和推崇。《尚书·大禹谟》有云："人心惟危，道心惟微。"人心欲望贪得无厌，道心隐晦难明，其中追寻探索，已苦不堪言。相比古人，现代人的诱惑更多，难免"心意颠倒""栖栖皇皇"，至灵至动的人心更需要读书的浇灌和滋养。读书犹如"磁石养针"，能凝神聚智、怡情养性；养成良好的读书习惯，终身与书为伴，即使生活依旧忙碌，步履依旧匆匆，但人生可以少些心猿意马，多些闲庭信步。

柳树下、案几旁、池塘边……手捧一卷诗书，含英咀华，徜徉其中，熏陶之，感染之，让我们做一个气定神闲"腹有诗书气自华"的读书人。

# 有清福者　佐以读书

【原文】

古人有言：扫地焚香，清福已具。其有福者，佐以读书；其无福者，便生他想。旨哉斯言！予所深赏。且从来拂意[1]之事，自不读书者见之，似为我所独遭，极其难堪；不知古人拂意之事，有百倍于此者，特不细心体验耳。即如东坡先生殁后，遭逢高、孝[2]，文字始出，名震千古。而当时之忧谗畏讥，困顿转徙潮惠[3]之间，苏过[4]跣足[5]涉水，居近牛栏，是何如境界？又如白香山[6]之无嗣[7]，陆放翁[8]之忍饥[9]，皆载在书卷。彼独非千载闻人？而所遇皆如此。诚一平心静观，则人间拂意之事，可以涣然冰释[10]。若不读书，则但见我所遭甚苦，而无穷怨尤嗔忿之心，烧灼不宁，其苦为何如耶？

【注释】

[1] 拂意：不合心意，不如意。

[2] 高、孝：指北宋高宗、孝宗。

[3] 潮惠：潮州、惠州，皆属今之广东省。

[4] 苏过：苏轼第三子。苏轼仕途中屡遭贬谪，苏过一直陪侍左右。

[5] 跣（xiǎn）足：赤脚。跣：光着脚，不穿鞋袜。

[6] 白香山：即白居易（772—846），字乐天，号香山居士，唐代三大诗人之一。

[7] 无嗣：没有后代子孙。白居易五十八岁得子名崔儿，未满三岁即夭折。

[8] 陆放翁：即陆游（1125—1210），字务观，号放翁，南宋文学家、史学家、爱国诗人。

[9] 忍饥：挨饿。陆游晚年隐居，生活贫困。

[10] 涣（huàn）然冰释：完全消解。

【译文】

古人说过这样的话：扫地焚香，已经具有清闲之福。那些有福分的人，就会用读书来消遣；而那些没有福分的人，就会凭空生出许多妄想来。这句话说得多么好啊！我是非常欣赏的。况且，自古以来所有不如意的事情，在不读书的人看来，好似唯独被他遭遇到，非常难以忍受。却不知古人的不如意之事，要比他多出百倍，只不过是没有细心体察罢了。即便如苏东坡先生也是在其死后受到宋高宗、宋孝宗推崇，其生前所写的文章才得以流传，从而名震千古的。但他生前所遭受的忧愁、被谗、恐惧、讥讽，饥寒交迫、困苦潦倒地辗转于潮州、惠州，其第三子苏过赤脚背其过河，居住在牛栏附近，那又是怎样的境遇呢？又比如白居易没有后代子孙，陆游忍饥挨饿，都记载在书卷中。这些人难道不是闻名千载的人物吗？然而他们所遭遇的不如意也是如此！如果用平常心来看，那么人世间不如意的事情，就可以完全消解了。假若不读书，只看到自己的遭遇很苦，就会使怨恨愤怒之心无穷无尽，烧灼不安、永不平静，这种苦又如何呢？

【品评】

“扫地焚香，清福已具”，偷得浮生半日闲之谓也，且闲暇时光能“佐以读书”，是有福者，故曰：读书人是幸福人。古人深以为是，张英深以为然，并且明确点醒不读书之人的不幸福。这些人往往以为世间不如意之事都被自己独遭，世人都比自己幸运，深陷痛苦的泥潭中不能自拔。为什么会出现这种情况呢？答案显而易见：不读书。张英同时举了苏轼、白居易、陆游三个人的生平遭遇为例做铺垫。

苏轼才华横溢，少年得志，无奈官运不通，仕途坎坷，屡遭贬谪。“魂飞汤火命如鸡”是他在牢狱中的精神自白，“食无肉，病无药，居无室，

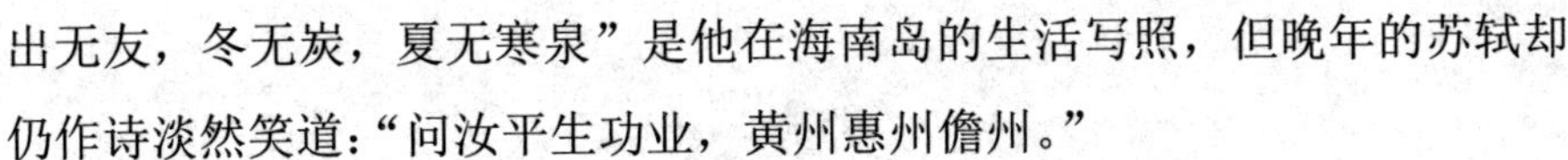

出无友，冬无炭，夏无寒泉”是他在海南岛的生活写照，但晚年的苏轼却仍作诗淡然笑道：“问汝平生功业，黄州惠州儋州。”

白居易是中唐著名诗人，声动朝野，却一直无嗣。古训有“不孝有三，无后为大”之说，“常忧到老都无子”一直是白居易内心的隐痛。五十八岁时，白居易喜得一子，三年后却不幸夭折。老年丧子对诗人的打击可想而知，但白居易依然乐天知命。

陆游，被梁启超称为“亘古男儿一放翁”之人。晚年生活贫困凄凉，“忍疾卧空山，著书十万言”，食不果腹却仍然关心着社稷苍生。

观此三人，名不可谓不大，才不可谓不高，遭际不可谓不悲惨，但他们依然活得顶天立地，浩气长存，流传千古。

而不读书之人却无法体验和享有这份宝贵的精神财富，只能在狭小的天地里怨天尤人，自艾自怜。总以为自己是世界上最痛苦的人，最不幸的人，是上帝的弃儿，又何谈坦然和超越。相反，读书人却能够尚友古人，历览先贤而从游，受其熏陶，久而久之，境界既高，胸襟既广，乃能“一蓑烟雨任平生”，才会有“也无风雨也无晴”的修养，才会发现生活的美好和幸福。

故曰：读书人是幸福人！

## 读书怡情　增长道心

【原文】

且富盛之事[1]，古人亦有之，炙手可热[2]，转眼皆空。故读书可以增长道心，为颐养第一事也。记诵纂集，期以争长应世[3]则多苦，若涉览[4]则何至劳心疲神？但当冷眼于闲中窥破古人筋节处[5]耳。予于白陆诗，皆细注其年月，知彼于何年引退，其衰健之迹[6]皆可指。斯不梦梦耳。

【注释】

[1] 富盛之事：指富贵荣华的功业。

[2] 炙手可热：比喻有财有势者气焰逼人。

[3] 争长应世：增长实际才干。

[4] 涉览：浏览、泛读。

[5] 筋节处：关键所在、精要部分。

[6] 衰健之迹：由强盛转为衰败的历程。

【译文】

况且富贵荣华的功业，古人也曾拥有，有财有势者气焰逼人，但转瞬间便会一无所有。因此，读书可以增长人天生的仁、义、礼、智、信之心，这是保养身心最好的方式。背诵文章、编纂文集，如果希望以此增长实际才干，那就会相当辛苦；如果只是泛读浏览一下，那么何至于劳心费神？只需要用冷静的态度看透古人的精要部分而已。我读白居易和陆游的诗歌时，都仔细标注其中的年月，知道他们是哪一年隐退的，对他们由强盛转为衰败的历程都可以清楚指出。这样就不会昏乱不明了。

【品评】

功名富贵、是非成败，恍如云烟，转瞬即逝。唯读书能怡情养性，增长道心，是颐养身心第一要事。此乃读书之作用。

“记诵纂集”是精读，“涉览”是泛读。精读要求好读书而求甚解，劳神费思，但理解深刻，故能增长实际才干；泛读则是好读书而不求甚解，读来轻松方便，但粗略梗概知其精要部分罢了。此乃读书之方法。

孟子有云：“颂其诗，读其书，不知其人，可乎？是以论其世也。”意思就是说深刻全面地理解作品不仅要读文本，还要了解作者及其生活的时代背景。原北大中文系系主任温儒敏师从王瑶先生时，有一次向老师汇报读书情况，谈到左翼文学，王瑶问道：“《子夜》写于哪一年？”温儒敏一时语塞，王先生告诫：“基本的史实是不可模糊的，这直接关系到对作品内容的理解。”张英谈自己读白居易和陆游诗歌的经验“皆细注其年月，知彼于何年引退，其衰健之变皆可指。斯不梦梦耳”，其实讲的都是同一个道理。此乃读书之途径。

荷塘白鹭（清·马家桐）

## 读快意书　对佳山水

【原文】

汝辈今皆年富力强，饱食温衣，血气未定，岂能无所嗜好？古人云：凡人欲饮酒博弈，一切嬉戏之事，必皆觅伴侣为之，独读快意书、对佳山水，可以独自怡悦。凡声色货利，一切嗜欲之事好之，有乐则必有苦，惟读书与对佳山水，止有乐而无苦。今架有藏书，离城数里有佳山水，汝曹与其狎[1]无益之友，听无益之谈，赴无益之应酬，曷若[2]珍重难得之岁月，纵[3]读难得之诗书，快对难得之山水乎？

【注释】

[1] 狎（xiá）：亲近而态度不庄重。

[2] 曷（hé）若：不如。

[3] 纵：尽情的。

【译文】

你们这代人现在都年富力强，吃得饱穿得暖，血气方刚，怎么能没有嗜好呢？古人说过：人们想做一切诸如饮酒下棋等戏嬉玩耍的事情，都要寻找伙伴来进行，只有阅读令人畅快的书籍，欣赏美丽的山水风景，可以独自一个人愉悦享受。凡是寻欢作乐和贪恋私利等行径、一切追求肉体感官上享受的要求，如果喜好的话，有快乐必然也有苦处。唯独读书和欣赏山水风景这两件事，有快乐而没有苦处。现今书架上存有藏书，离城数里地有景色绝佳的山水风景，你们与其和没有益处的朋友态度不庄重地亲近，听没有益处的高谈阔论，忙于没有益处的应酬，不如珍惜难得的大好时光，尽情地阅读难得的诗书，快乐地欣赏难得的山水风景呢？

【品评】

嗜好是生命的释放，是情感的寄托；丰满的人生不能没有嗜好。清代文人张潮在《幽梦影》里说：“花不可以无蝶，山不可以无泉，石不可以无苔，水不可以无藻，乔木不可以无藤萝，人不可以无癖。”试想，一个人若没了嗜好，对什么都提不起兴趣，眼前空无一物，才疏学浅，心浮气躁，何谈幸福，又何谈成功？林逋的“梅妻鹤子”、苏东坡的“不可居无竹”、陶渊明之赏菊、周敦颐之爱莲，他们的深爱和痴迷倾注于笔端，无不演化成至情至性之文，被后人奉为经典。故此，人生如果不想太单薄，就要有爱物成痴之癖。

嗜好有好坏之分，有物质与精神之别。嗜好能成就人生，也能毁灭人生，方向尤为重要。张英认为子孙年富力强，当有所嗜好，且“惟读书与对佳山水，止有乐而无苦”，百利而无一害，因此，好读书、游览山水是最佳选择。桐城故里，居有名山，家有藏书，张英劝诫后辈：“珍重难得之岁月，纵读难得之诗书，快对难得之山水。”用今天的话来讲：唯读书和旅游不可辜负。

# 读书山林 尚友古人

【原文】

余昔在龙眠[1]，苦于无客为伴。日则步屧[2]于空潭碧涧，长松茂竹之侧；夕则掩关[3]读苏、陆诗。以二鼓为度，烧烛焚香煮茶，延两君子于坐，与之相对，如见其容貌须眉然。诗云："架头苏陆有遗书，特地携来共索居[4]。日与两君同卧起，人间何客得胜渠[5]？"良非解嘲[6]语也。

【注释】

[1] 龙眠：龙眠山，在安徽省桐城县西北三十里因"大小二龙山，宛若龙眠形"，故名。

[2] 步屧（xiè）：步行。屧，木屐。

[3] 掩关：闭门。关，门闩。

[4] 索居：离开众人独自散处一方。

[5] 渠：称他人曰渠。

[6] 解嘲：因被人嘲笑而自作解释。

【译文】

我以前住在桐城龙眠山的时候，苦恼于没有人陪伴，白天就步行在空旷碧清的水潭小溪之畔，古松茂竹之间；到了晚上，我就关起门，读苏轼和陆游的诗词，到了二更天时分，便点燃蜡烛焚香煮茶，貌似请两位君子与我相对而坐，就好像看见了他们的容貌一样。我曾作诗一首："书架上摆放着苏轼和陆游的遗著，特意携带在身边来排遣孤独。天天和两位君子同起同卧同行动，人间哪有人能胜过他们呢？"这确实不是因被人嘲笑而自作解释的话啊。

【品评】

近代杰出的出版家、教育家与爱国实业家张元济有一句简单朴素的话：“天下第一好事，还是读书。”读书是一件好事，而能够读书于山林更是一件乐事。

古代士人在山林读书，或在山林之中的寺庙、道观中读书，这是悠久的传统，特别是到了唐代已蔚然成风：李白曾隐居于大匡山读书；杜牧曾在庐山读书；李绅读书于无锡惠山寺……这些在文学史上彪炳千古的诗人都有着在山林读书的经历。

山林是读书的好地方，一则清静，少世俗之纷扰，便于安心读书；二则山间花草树木、清流激湍、嘤嘤鸟语同样是一部无字之书，徜徉其中，情趣不觉间受其陶冶，趣味渐渐为之提升。读书于此岂能无长进、无飞跃？

张英在桐城老家找到了这样一方风水宝地——龙眠山。明代文人许浩诗云：“大小二龙山，连延入桐城。山尽山复起，宛若龙眠形。”山川蜿蜒，水流婉转，置身其中，乃人间仙境。康熙皇帝曾赐予隐居龙眠山中的张英一副楹联：“白鸟忘机看天外云舒云卷；青山不老任庭前花落花开。”白日行走于山间，看溪流修竹、闻松林之声，夜则轻掩柴扉，焚香煮茶，翻开诗卷，品味苏、陆，涵咏把玩，岂非人生一快事哉！

晚年离群索居的张英读书于龙眠山中，尽情享受这份人生乐事。

松亭正经图（陈少梅）

## 读书之人　使人敬重

【原文】

读书固所以取科名、继家声[1]，然亦使人敬重。今见贫贱之士，果胸中淹博[2]，笔下氤氲[3]，则自然进退安雅，言谈有味。即使迂腐不通方[4]，亦可以教学授徒，为人师表。至举业[5]乃朝廷取士之具，三年开场大比[6]，专视此为优劣。人若举业高华秀美，则人不敢轻视。每见仕宦显赫之家，其老者或退或故，而其家索然[7]者，其后无读书之人也；其家郁然[8]者，其后有读书之人也。

【注释】

[1] 取科名、继家声：求取科举功名，继承家世声誉。

[2] 淹博：渊博；见多识广之意。

[3] 氤氲（yīn yūn）：烟气、烟云弥漫的样子。这里是比喻有文才。

[4] 迂腐不通方：拘泥鄙陋而不知变通。方，法术、技艺。

[5] 举业：科举考试。

[6] 大比：科举时代称呼各省的乡试为大比。

[7] 索然：离散零落的样子。

[8] 郁然：兴盛的样子。

【译文】

读书学习固然是为了求取科举功名、继承家世声誉，但同样是令人敬重的。如今看到一些贫困低贱的人，果真是知识渊博、文章高妙的话，自然也就进退安闲优雅，谈吐有物。即便是固执死板而不知变通的人，也可以教书授徒，为人师表。至于科举考试，是朝廷录用官吏的主要

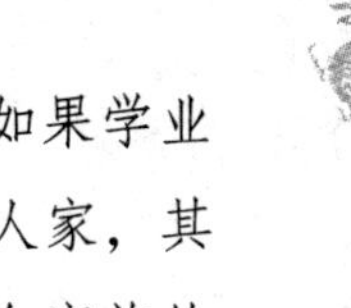



手段，三年一届的乡试，专门以学业的优劣为标准。一个人如果学业出众，他人也就不敢轻视他。每当看到那些地位显赫的官宦人家，其家族的长辈或隐退或故去后，家道随之败落的，正是由于这个家族的后辈中没有读书人；如果这个家族更加兴旺的话，那么必定是后辈中有很多的读书人。

【品评】

读书好处多。

其一，读书可以求取功名、光宗耀祖。读书是一种高尚的职业，是安身立命的资本。从经济的角度，读书能够谋生，即使迂腐不通方，也可以教学授徒，为人师表，从而养家糊口；如果学业有成，继而择能授官，为政一方，不仅是个人的荣耀，也是家族兴旺的凭借。仕宦之家的衰败，多与后代读书无人、读书无成有密切的关系。因此，读书无论是对孩子个人成长，还是对于家族的兴旺来讲，意义都非同寻常，张英十分关心儿子们的读书之事，四个儿子皆学业有成，身居要位。换言之，张英的家族能够成为桐城名门望族，这是与家庭重视读书、科举有成密不可分的。

其二，读书可以增长学识，涵养德性，令人尊敬。学富五车、博观约取、文不加点、谈吐有致、举止有方，是读书带来的精神层面的提升，也是读书的魅力，读书之人拥有了此等精神魅力，焉能不受人敬重。

张英讲“读书者不贱”，其是之谓也。

## 文字之妙　细心玩味

【原文】

《论语》文字，如化工肖物[1]，简古浑沦[2]而尽事情，平易涵蕴[3]而不费辞[4]，于《尚书》《毛诗》[5]之外，别为一种；《大学》《中庸》之文，极闳阔精微[6]而包罗万有；《孟子》则雄奇跌宕[7]，变幻洋溢。秦汉以来，未有能此四种文字者。特以儒生习读而不察，遂不知其章法字法[8]之妙也，当细心玩味[9]之。

【注释】

[1] 化工肖物：天功造化成自然万物。化工，指自然的造化者。

[2] 简古浑沦：简洁古雅，浑然一体。浑沦，不分明。

[3] 平易涵蕴：文字简单，内容却非常丰富。即言简义丰。

[4] 费辞：多说无用之言。

[5]《毛诗》：指西汉时期鲁国毛亨和赵国毛苌所辑和注的古文《诗》，也就是现在流行于世的《诗经》。《诗经》是我国最早的诗歌总集，春秋中叶以前五六百年间之作品，共三百零五篇；内含十五国风，大、小二雅，及周、鲁、商三颂。除极少数列有作者姓名以外，其他均无作者。

[6] 闳（hóng）阔精微：广大精深。

[7] 雄奇跌宕（dàng）：雄伟奇特，放逸不羁。

[8] 章法字法：作诗文时，按抒情达理要求，依据体裁，安排全篇章节所遵循的法则，叫章法；写好文章字句的方法，叫字法。

[9] 玩味：细细地体会其中的意趣。

【译文】

《论语》的文字特点，犹如天功造化成自然万物，简洁古雅、浑然一体，而能将事理人情全部道出；平白易懂、蕴涵深刻，但又不多费言词。在《尚书》《毛诗》之外，另立一种风格。《大学》《中庸》的内容，极其宏伟博大，精微深刻，而且内容丰富，包罗万象。《孟子》写得雄伟奇特，豪放不拘，变化无穷。秦汉以来，没有能够写得出上述四种文字的人了。只是儒生们机械地诵读而不详加考察，所以才不知道它们的用笔行文、语法措词的妙处所在罢了，应当细心地加以玩味咀嚼。

松屋观书（陈少梅）

【品评】

《大学》《中庸》原是《礼记》中的两篇，都讲的是为人处世的道理，精深博大。

《大学》中“明德新民，止于至善”的大学之道研讨的是“修身、齐家、治国、平天下”，是人生根基的问题，朱熹就指出：“《大学》是修身治人的规模，如人起屋相似，须先打个地盘，地盘既成，则可举而行之矣。”

《中庸》充满哲学的思辨色彩，宣扬了一种不偏不倚的思维方式，深刻地影响了中国古人的思维模式。“博学之，审问之，慎思之，明辨之，笃行之”“人一能之，己百之；人十能之，己千之”等充满智慧的教诲，历久弥新，熠熠生辉，依然照耀着后人前进的道路。

《论语》是孔子及其弟子语录，娓娓道来，深入浅出，言近旨远，与艰深、繁杂的《尚书》《毛诗》相比，自有另一种风格，其中很多家常话语都已成为格言警句，如“三人行，必有我师焉”“岁寒，然后知松柏之后凋也”“学而不思则罔，思而不学则殆”等。

《孟子》充满浩然正气，纵横捭阖，长于论辩，跌宕起伏，动人心魄，是先秦诸子散文的优秀代表。

南宋大儒朱熹把《大学》《中庸》《论语》《孟子》合为“四书”，明清时期，“四书”是文人参加科举考试的必读之书。这一做法，一方面，扩大了“四书”的影响，另一方面，对“四书”产生了曲解，也使“四书”进一步狭隘化。“四书”是儒家经典，也是中国传统文化的瑰宝，走近原典，细心玩味，我们才能更准确、深刻地领会其真谛。

## 时文多作　读书宜精

【原文】

时文[1]以多作为主，则工拙自知，才思自出，蹊径[2]自熟，气体[3]自纯。读文不必多，择其精纯条畅，有气局[4]词华者，多则百篇，少则六十篇，神明[5]与之浑化[6]，始为有益。若贪多务博[7]，过眼辄忘，及至作时，则彼此不相涉，落笔仍是故吾。所以思常窒而不灵，词常窘而不裕，意常枯而不润。记诵劳神，中无所得，则不熟不化[8]之病也。学者患此弊最多。故能得力于简，则极是要诀。古人言“简练以为揣摩”[9]，最是立言之妙，勿忽而不察也。

【注释】

[1] 时文：应试的文字，相对于古文而言；在清朝为八股文。

[2] 蹊径：门道。

[3] 气体：文章的气势与风格。

[4] 气局：气度格局。

[5] 神明：人的精神。

[6] 浑化：浑然化一，融为一体。

[7] 务博：致力多学。

[8] 不化：不能融会贯通。

[9] 简练以为揣摩：语出《战国策·秦策一》。简练：淘汰洗练，撮取精要。揣摩：反复玩味探索。

【译文】

八股文章以多创作为主，如此则优劣自然有所知晓，才思自然流出，门道自然熟悉，风格自然纯朴。阅读文章不必图多，选择那些精致纯朴、自然流畅、气势宏伟、辞藻华美的文章，多则一百篇，少则六十篇，精神上与它们浑然一体，完全相融，这才是有益的。如果一味贪图数量，致力多学，那么读过便忘。等到要写作文章时，就会显出文章内容彼此互不关联，前言不搭后语，作出来的文章仍然是自己原有的水平。因此导致思想常常阻塞不通而不灵活，词汇常常陷于困境而不丰富，意境常常枯竭而不滋润。背诵记忆、劳神费心，却没有从中学到什么，这就是不能融会贯通的弊病。读书人中犯有此毛病的大有人在，因此能够得力于简而精，就是关键了。古人说过：撮其精要作为揣度观摩的对象，这是立论立言的最重要妙语，不要忽略而不加以考察。

【品评】

欧阳修是唐宋八大家之一，才华横溢，名满天下，是当时文坛盟主。曾有一个叫孙觉的人问他作文的方法，答曰：“无它术，唯勤读书而多为之，自工。”写好文章的两点要诀：勤读书、多作文。无奈世人多想走捷径、找法宝、寻秘诀，而不知躬身读书、作文，却天真地以为有了所谓理论家的指导就能写出精妙好文，实在荒谬！

“纸上得来终觉浅，绝知此事要躬行”，深入其中，才能深入理解事物的来龙去脉，才能寻根探源掌握本领。古代科举考试，文章决高下。一篇时文就能决定莘莘学子的命运，如何写好时文尤为关键。张英认为“时文以多作为主”，在写作中反思，发现问题、解决问题、探寻方法，则文必工、技必熟。

俗话说“熟读唐诗三百首，不会做诗也会吟”，多读书对写作大有裨益，这是毋庸置疑的。古人常讲博览群书，但不可忽视的问题是，多则杂，难以深入，结果书还是书，人还是人，两张皮的情况比比皆是。许多初学者走了不少这样的弯路。张英认为不必贪多，而要精，选取经典文章“多则百篇，少则六十篇”，细细揣摩，化入骨髓，渗入血液，才能为我所用。所以“简练以为揣摩”最是“立言之妙”。

# 读书趁早　择其精华

【原文】

凡读书，二十岁以前所读之书，与二十岁以后所读之书迥异。少年知识未开，天真纯固，所读者虽久不温习，偶尔提起，尚可数行成诵。若壮年所读，经月则忘，必不能持久。故六经秦汉之文，词语古奥[1]，必须幼年读。长壮后虽倍蓰[2]其功，终属影响[3]。自八岁至二十岁中间，岁月无多，安可荒弃，或读不急之书？此时，时文固不可不读，亦须择典雅醇正，理纯词裕，可历二三十年无弊者读之。若朝华夕落，浅陋无识，诡僻[4]失体，取悦一时者，安可以珠玉难换之岁月，而读此无益之文；何如诵得左、国[5]一两篇，及东西汉典贵华腴[6]之文数篇，为终身受用之宝乎？

【注释】

[1] 古奥：古而深奥，不易理解。

[2] 倍蓰（xǐ）：一倍至五倍。蓰，五倍。

[3] 影响：恍惚、模糊。

[4] 诡僻：奇特荒僻。

[5] 左、国：即《左传》与《国语》。《左传》，原名《春秋左氏传》，亦名《左氏春秋》，相传为春秋鲁太史左丘明所撰，内容以记春秋的史事为主，起于鲁隐公元年（公元前722年），止于鲁哀公二十七年（公元前468年），凡历十二公，255年。《国语》，为国别史之祖，内有周、鲁、齐、晋、郑、楚、吴、越八语，分记春秋八国之事，共二十一卷，所记之事略合于《左传》之时，而不合于《春秋》；文字古朴，类似《左传》，故司马迁以为左丘明所作。有人称《左传》为《春秋》内传，《国语》为《春秋》外传。

[6] 华腴（yú）：丰美有光彩。

【译文】

人们读书，二十岁以前所阅读的书，和二十岁以后所阅读的书大不相同。少年时期，知识还未开化，心性天真无邪、纯粹坚定，所读过的书，即使长时间没有温习，偶尔提及，还能大段大段背下来。到成年时，其所读过的书，过不了一个月就会忘得一干二净，肯定不能永久记住。因此，儒家的六种典籍和秦汉时期的文章，语言文字古涩深奥，不易理解，必须在年少的时候阅读；长大成人后，即使是下成倍的功夫，最终印象也是恍惚、模糊的。从八岁到二十岁，时间并不长，怎么能够荒废，或者读些不是急需用的书籍呢？这个时期，应试的文章是不能不读的，但也要选择那些典雅纯正、道理清新、词汇丰富，且经过二三十年都不会出现弊端的文章加以阅读。假若像那些早晨绽放而晚上就凋零的花朵般的文章，浅薄低劣、缺乏知识、奇特荒僻、文体混乱、仅时兴一时，怎么能够把用珠玉都换不来的美好岁月，用来消耗阅读读这类没有好处的文章呢？为何不去读《左传》《国语》一两篇，或者读西汉东汉时期那些丰美有光彩的辞赋数十篇，用来作为终身享用不尽的财富呢？

【品评】

读书是天下第一重要事。那么究竟该如何读书呢？张英提出两点看法：

一是读书要趁早。少年、青年时期精力充沛，时间充裕，受到的外界干扰较少，如果能够静下心来读书，印象深刻，经久不忘，惠及一生。等到年事稍长，虽然人生的阅历和经验日趋丰富，但精力远不如前，读书的效果也会大打折扣。古人做学问、学技艺，特别强调童子功，原因正在于此。根基扎实，才能走得更远。

二是多读经典，多读好书。青少年时期是“珠玉难换之岁月”，弥足珍贵，如若用来读那些言语粗鄙、思想浅陋的无益之文，实在是对生命的极大浪费。而那些经过岁月洗礼的经典，能够启人心智、增长学识、陶冶情操，阅读经典就相当于在青少年生命的底色里播下了希望的种子。北京大学教授钱理群非常赞同在青少年中提倡阅读经典："每个国家都有几部经典，可以说家喻户晓，渗透到一个民族每一个人的心灵深处。就文学经典而言，英国的莎士比亚，俄国的普希金、托尔斯泰，德国的歌德，等等，都是进入国民基础教育，扎根在青少年心上，成为他们民族年轻一代的精神的'底子'的。"

经典点亮人生，用张英的话来讲，读经典文章，"为终身受用之宝"。

**草堂闲坐**（溥儒）

## 经典常读　寻味义蕴

【原文】

且更可异者：幼龄入学之时，其父师必令其读《诗》《书》《易》《左传》《礼记》[1]、两汉、八家文[2]；及十八九，作制义应科举时，便束之高阁，全不温习。此何异衣中之珠，不知探取，而向涂人[3]乞浆[4]乎？且幼年之所以读经书，本为壮年扩充才智，驱驾古人，使不寒俭，如蓄钱待用者然。乃不知寻味其义蕴，而弁髦[5]弃之，岂不大相剌谬[6]乎？

【注释】

[1] 礼记：亦称《小戴礼记》《小戴记》，四十九篇，西汉戴圣所传，今为十三经之一。

[2] 八家文：指唐韩愈、柳宗元，宋欧阳修、王安石、曾巩、苏洵、苏轼、苏辙共八大名家所写的古文。

[3] 涂人：路人。涂，通“途”。

[4] 乞浆：要水。

[5] 弁髦（biàn máo）：比喻无用的东西。弁，古时缁布冠。髦，小孩披于额前的头发。

[6] 剌（là）谬：乖戾谬误。剌，违背常情、事理。

【译文】

更为奇异的是，幼年进入学堂的时候，他们的父辈老师们必定要求他们阅读《诗经》《尚书》《易经》《左传》《礼记》和两汉时期以及唐宋八大家的文章。到了十八九岁的时候，开始写作八股文参加科举考试时，这些书籍文章便都束之高阁弃置不用，再也不会温习了。这与

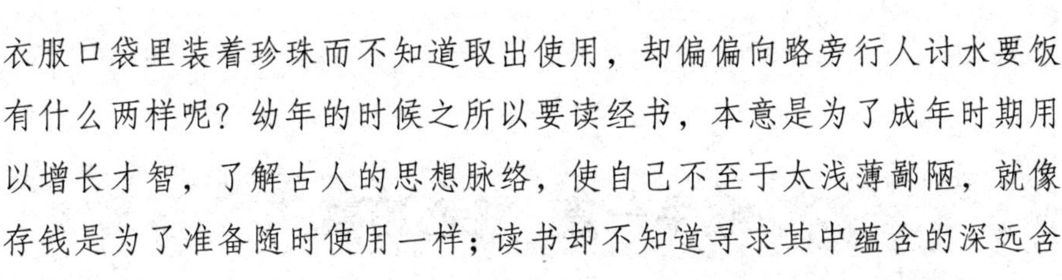
衣服口袋里装着珍珠而不知道取出使用，却偏偏向路旁行人讨水要饭有什么两样呢？幼年的时候之所以要读经书，本意是为了成年时期用以增长才智，了解古人的思想脉络，使自己不至于太浅薄鄙陋，就像存钱是为了准备随时使用一样；读书却不知道寻求其中蕴含的深远含义，而像无用的东西一样全部弃之不用，难道不是乖戾谬误的吗？

【品评】

“学而时习之，不亦说乎”“温故而知新，可以为师矣”，教育家孔子教导弟子：温习是学习的重要途径和方法。经典内蕴丰富，常学常新，值得一辈子去探索和追求。《诗》《书》《易》《左传》《礼记》等都是中国传统文化的经典书目，也是古代学子的启蒙读物，“本为壮年扩充才智”，更需时时温习。幼年读过，长大后便束之高阁，正如“畜钱”而不知用，实在是一件可惜的事情！

对于时文的利弊，张英保持着清醒的头脑。时文，即八股文，俗称考场作文，限于时空的局限，无论古今，历来难有佳作问世。等到十八九岁，到了应科举的年龄，便放弃经典的阅读，一味钻研时文，无异于“弃珠乞浆”，这是没有出息的做法。此情此景，张英由衷地喟叹道：“岂不相刺谬乎？”时空轮回，当今天依然看到莘莘学子手捧《高考满分作文选》《中考满分作文选》读得不亦乐乎，而对于经典却形同陌路的时候，我们不禁感叹历史竟是如此惊人地相似！

## 读书一篇　务必精熟

【原文】

我愿汝曹将平昔已读经书，视之如拱璧[1]，一月之内，必加温习。古人之书，安可尽读？但我所已读者，决不可轻弃：得尺则尺，得寸则寸；毋贪多，毋贪名；但读得一篇，必求可以背诵，然后思通其义蕴，而运用之于手腕之下。如此，则才气自然发越[2]。若曾读此书，而全不能举其词，谓之画饼充饥；能举其词而不能运用，谓之食物不化。二者其去枵腹[3]无异。汝辈于此，极宜猛省。

【注释】

[1] 拱璧：大的玉石。拱，双手合围。

[2] 发越：激扬，显露。

[3] 枵（xiāo）腹：因饥饿而腹中空虚。枵，空虚。

【译文】

我希望你们将平时阅读过的经书，视之如珍贵的财物一样，一个月之内，必须加以温习。古人所写的书怎么可能读得完呢？但对于我所读过的书，决不可以轻易放弃，能学得一尺便是一尺，学会一寸便是一寸；不要贪图读得多，也不要贪图什么功名；但读过一篇，必须要求自己可以将它背诵下来，然后再思考其中蕴含的意义，以便能够熟练地掌握运用它。这样一来，才气自然可以发挥显露出来。假若曾经读过这本书，但又完全不能说出书中的语言文字，这就叫画饼充饥；假若能够说出其中所运用的词汇，但又不能加以运用，这就叫消化不良。这两种情形与因饥饿而腹中空虚、胸无点墨是没有差别的。你们对于这一点，一定要深刻加以反省。

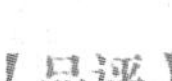


读书期于精熟。

博览群书是读书人的梦想，但人生苦短，一辈子又能读多少书？数量上毕竟有限，若只讲博览，注定难以深入，只有广度、缺乏深度，获得蜻蜓点水般肤浅的感受，还容易养成浅尝辄止的毛病。年轻人读书贪多是通病，泛泛而读，不能“举其词”，不会运用，终究与“枵腹无异”。清代书画家郑板桥谈读书时说：“求精不求多，非不多也，唯精乃能运多。”有了精读做基础，就像盖楼有根基，才能信心满、底气足。

宋代词人苏轼是天才一般的人物，才华横溢，令人赞叹，可对于读书却毫不含糊，他的“八面受敌”读书法堪称精读的典范：“少年为学，每一书，作数次读。当如入海，百货皆有，人不能兼求之——如欲求古今兴亡治乱，圣贤作用，且只作此意求之，勿生余念。事迹文物之类，又别一次求。他皆放此。若学成，八面受敌，与涉猎者不可同日语。”与浏览不同，经过如此分层次、多角度反复的精读必定对文章有了全方位深刻的理解，自然刻骨铭心，难以忘怀。

文章读到精熟，得之于心，行之于手，脱之于口，运用起来游刃有余，得心应手，此乃读书之真境界！

## 理明词畅　气足机圆

【原文】

凡物之殊异者，必有光华发越于外。况文章为荣世之业，士子进身之具乎？非有光彩，安能动人？闱中之文，得以数言概之，曰：理明词畅，气足机圆。要当知棘闱[1]之文，与窗稿房行书[2]不同之处。且南闱[3]之文，又与他省不同处。此则可以意会，难以言传。惟平心下气，细看南闱墨卷，将自得之。即最低下墨卷，彼亦自有得手[4]，亦不可忽。此事最渺茫。古称射虱者，视虱如车轮，然后一发而贯[5]。今能分别气味截然不同，当庶几[6]矣。

【注释】

[1] 棘闱（wéi）：试院。旧日试院围墙皆插棘以防作弊，故称试院为棘闱。

[2] 窗稿房行书：私塾学生习作及衙门通行公文。窗，攻学之所。房，衙门。

[3] 南闱：明清科举称江南乡试为南闱。

[4] 得手：得心应手；即绝佳妙处。

[5]“古称射虱者”三句：语出《列子·汤问》，意指学习各种物事，会因专注其上而使目标扩大，容易成功。

[6] 庶几：或许可以。

【译文】

大凡事物中有特别与众不同的，它必定有耀眼的光芒迸发出来。何况文章这种光宗耀祖的事业、入仕做官的工具呢？没有什么光彩照人的地方，怎么能够打动人心呢？科举文章的特点，可以用几句话来概括，那就是：道理明白、文词通顺，气势饱满，机谋圆浑。最要紧的是要知道科举考试的文章，与学堂习作及衙门通行公文的不同之处。并且江南一带的乡试文章，又和其他地方有所不同。这类事情只能意会，不能言传。只有平心静气，仔细地分析江南一带乡试的科举文章，才能悟出门道；即使是最不好的试卷，也有其绝佳妙处，也是不可以忽略的。这种事情也是最为玄妙难以言表的。古代有射击高手，说是看见如虱子般小的靶子，就如看见车轮般大小，然后一发而中。现今如果能够品评各种文章的意趣和格调，指出其中不同之处，那么或许就可以了。

【品评】

《清史稿·张英传》记载：“自英后，科第世其家，四世皆为讲官。”张英，康熙六年进士；其长子张廷瓒，康熙十八年进士；次子张廷玉，康熙三十九年进士；三子张廷璐，康熙五十七年一甲第二名（榜眼）；四子张廷瑑，雍正元年进士。张英和他的四个儿子在举业上前后相继，高歌猛进，风光无限。张英治家重视科举，对于如何写好八股文，他同样有着真知灼见。

夜读图（沈心海）

其一，应试文章不同于“窗稿房行书”。科举考试中，紧张的氛围，狭小的空间，仓促的时间，由于种种限制，考场作文自然不同于日常习作，它有自己的特点。

其二，中国疆域广大，“铁马秋风塞北，杏花春雨江南”，南北审美风尚差异很大，同为应试文章，评价标准也不尽相同。

其三，张英认为应试佳作的标准：理明词畅，气足机圆。时代发展到今天，细细翻阅今天高考作文的评价标准，最核心的仍然是内容、表达、特征三大块。理明讲的是内容，词畅即语言表达，气足机圆展现的是风格特征时隔数百年，却有着惊人的相似。我们不得不佩服：张英对应试文章有精到的把握，对儿子们的应试指导同样很到位。

## 每月九篇 突出格调

【原文】

汝曹兄弟叔侄，自来岁正月为始，每三六九日一会，作文一篇，一月可得九篇。不疏不数[1]，但不可间断，不可草草塞责。一题入手，先讲求书理[2]极透澈，然后布格遣词，须语语有着落[3]，勿作影响语[4]，勿作艰涩[5]语，勿作累赘语，勿作雷同语。凡文中鲜亮出色之句，谓之调，调有高卑；疏密相间，繁简得宜处，谓之格；此等处最宜理会。

【注释】

[1] 不疏不数（shuò）：不多不少。数，细密，指多。

[2] 书理：文理。

[3] 着落：归宿。

[4] 影响语：不切实际或空泛无根据的话。

[5] 艰涩：指文辞艰深不流畅。

【译文】

你们兄弟叔侄几个，从明年的正月开始，每月里逢三、六、九日相聚一次，每次写一篇文章，一月就可写九篇文章。不用多也不用少，但是不能够间断，也不能敷衍了事。每一个题目，首先要理顺文章的脉络、讲求文理透彻明了，然后再遣词造句，必须每句话都落到实处，不要说那些不着边际的话，不要说那些艰涩难懂的话，不要说那些啰唆多余的话，不要说那些大同小异的话。凡是文章中鲜亮出色的语句，就叫做文章的格调，格调有高尚卑俗之分。文章中疏密有致、收放自如的地方，就叫作文章的风格。诸如这些地方一定要倍加注意。

【品评】

张英对子孙的文章习作有几点建议：

坚持练习。陶渊明说：“勤学如春起之苗，不见其增，日有所长；辍学如磨刀之石，不见其损，日有所亏。”罗马不是一天建成的，写作同样需要坚持不断的练习。在不断的练习、修正中臻于成熟。张英告诫子弟们一月练习九篇，不多也不少，认真作文，不能间断，终会有所成。

构思谋篇是作文的第一要义，首先要把写作对象想清楚、弄明白，深沉地思考，“精骛八极，心游万仞”，从而达到陆机在《文赋》里所讲的“情曈昽而弥鲜，物昭晰而互进”的状态，才有可能写出逻辑清楚、秩序井然的文章来。

构思谋篇之后就是语言表达，语言表达最忌意不称物、文不逮意。曲尽其妙、余音绕梁才是理想的效果，这就要有咬文嚼字的功夫，要有“吟安一个字，拈断数茎须”的刻苦和严谨。韩愈在《答李翊书》中说：“当其取于心而注于手也，唯陈言之务去。”张英也认为要去累赘语、去套语，言简意赅，从而做到“穷形而尽相”“词达而理举”。

警句有画龙点睛之效果，为文章增光添彩。这些出色的语句，张英称之为“调”，调有高下之分，最能彰显作者的风采，如屈原《离骚》“长叹息以掩涕兮，哀民生之多艰”、范仲淹《岳阳楼记》“先天下之忧而忧，后天下之乐而乐”，千百年之后，他们忧国忧民的情怀仍跃然纸上，让后人唏嘘不已！

最后强调一点，文章须注意裁剪，详略得当、疏密有间。

# 诵读时文　多加理会

【原文】

深悯人读时文，累千累百而不知理会，于身心毫无禅益。夫能理会，则数十篇百篇已足，焉用如此之多？不能理会，则读数千篇，与不读一字等。徒使精神瞶乱[1]，临文捉笔，依旧茫然，不过胸中旧套应副[2]，安有名理精论，佳词妙句，奔汇于笔端乎？

所谓理会者，读一篇则先看其一篇之格，再味其一股之格，出落[3]之次第，讲题之发挥，前后竖义[4]之浅深，词调之华美，诵之极其熟，味之极其精。有与此等相类之题，有不相类之题。如何推广扩充？如此，读一篇有一篇之益，又何必多？又何能多乎？

【注释】

[1] 瞶（kuì）乱：昏乱，糊涂。

[2] 应副：即应付。

[3] 出落：出句与落句，本指诗的首句与末句；今借以代写作全文之意。

[4] 竖义：立义。

【译文】

深深怜悯那些读八股文成千上百，却不加领会的人，对于自己的身心毫无禅益。如果能够加以领会，那么读数十篇或百篇就足够了，哪用得上读如此多的文章？如果不能加以领会，那么即使读过数千篇文章，也和没有读过一个字一样。只能使自己劳神费力，到了要握笔作文的时候，依旧感到茫然不知所措，只得用自己的老一套加以应付搪塞罢了，怎么会有著名的理论和精辟的见解、华丽的词藻和绝妙的语句诉出笔端呢？

所谓加以领会，就是说在阅读一篇文章时，首先要注意全篇的格调如何，再看其中一部分的格调如何，以及段落的次序，讲题发挥的程度，文章前后立意的深浅程度和词汇格调的华美程度，诵读起来特别熟练，玩味起来特别精致。有与这样的文章相类似的题目，也有和它不类似的题目。对此该如何进行推广扩充？这样一来，读过一篇，就能有一篇的收获，又何必过多地阅读呢？又怎么能有时间过多地阅读呢？

【品评】

张英认为读时文不必多，“数十篇百篇已足”，关键在于理会，关键在于精熟。

能够抓住数十百篇，认真理会，揣摩布局谋篇，品味语言优劣，感受格调高下，“诵之极其熟，味之极其精”，一切了然于胸。等到自己写作文章之时，名理精论、佳词妙句自然奔汇于笔端。能够做到触类旁通，举一反三，以一当十，又何必多！

况人生百年，能读之数目毕竟有限，何能多乎？因此，理会要旨，读书精熟的意义和作用更加彰显。

溪山野渡（黄君璧）

# 读文宜用 内外兼修

【原文】

每见汝曹读时文成帙[1]，问之不能举其词，叩[2]之不能言其义；粗者不能，况其精者乎？自诳[3]乎，诳人乎？此绝不可解者。汝曹试静思之，亦不可解也。以后当力除此等之习。读文必期有用，不然宁可不读。古人有言：读生文不如玩[4]熟文。必以我之精神，包乎此一篇之外；以我之心思，入乎此一篇之中。噫嘻！此岂易言哉？

汝曹能如此用功，则笔下自然充裕，无补缉[5]、寒涩[6]、支离、冗泛、草率之态。汝每月寄所作九首来京，我看一会两会，则汝曹之用心不用心，务外[7]不务外，了然矣。

【注释】

[1] 成帙（zhì）：形容其多。帙，量词，古时线装书一套叫作一帙。

[2] 叩：问。

[3] 诳：欺骗。

[4] 玩：研习玩味。

[5] 补缉：修补。

[6] 寒涩：偏僻艰深。

[7] 务外：研究学问只致力于表面，不求深入。

【译文】

我每每看见你们连篇累牍地阅读应试文章，但是问询起来却列举不出其中的遣词；再细探问也说不清其中的含义；文章的粗略大意尚且不能掌握，更何况文章中精炼出的内容呢？这是在骗自己，还是在骗别人呢？这一点我想不通。你们试着思忖一下，也是不可理解的。以后必须戒除这种陋习。阅读文章必然带着致用的目的，如果不是这样，那么宁肯不去阅读。古人说过：阅读生疏的文章，不如研习玩味熟悉的文章。一定要使自己的精神意识不被一篇文章所局限；要将自己的全部内心所想，投入所阅读的文章中。啊呀！这难道是容易做到的吗？

如果你们能够做到像这样用功的话，那么自然下笔挥洒自如，没有修补、偏僻艰深、支离破碎、冗长肤浅和草率搪塞的现象。你们每月给我寄来所作的九篇文章，我只要看看其中的一两篇，你们用心不用心，研究学问深入不深入，就会一目了然了。

【品评】

读时文成帙，既不能举其词，又不能言其义，更不用说去探究文章的精妙之所在。虽然读了很多文章，却收获甚少，有了数量，没了质量，这样读书是自欺，也是欺人。

对于后辈子孙读书的问题，张英提出两点主张：第一，“读文必期有用”，要用好读书而求甚解的精神去涵咏、体味，才会有所收获。如果没有所得，不如不读。第二，“读生文不如玩熟文”，对于一篇文章，既要入乎其内，去体会、领悟；又要出乎其外，去鉴赏、观察；内外兼修，在反复的阅读中得其精华，为我所用。日积月累，行文自然流畅！

张英要求他的孩子们每月写九篇习作，寄到京师，以备督查。宋代的大文学家欧阳修曾说：“作文无他术，唯勤读书而多为之，自工。”张英用自家的家教方式践行了欧阳修的作文之术。

## 专攻举业　词不可作

【原文】

作文决不可使人代写，此最是大家子弟陋习。写文要工致[1]，不可错落[2]涂抹，所关于色泽[3]不小也。汝曹不能面奉教言，每日展此一次，当有心会[4]。幼年当专攻举业，以为立身根本。诗且不必作，或可偶一为之，至诗余[5]则断不可作。余生平未尝为此，亦不多看。苏、辛尚有豪气[6]，余则靡靡[7]，焉可近也？

【注释】

[1] 工致：工巧细致。

[2] 错落：文字分布、排列不规则。

[3] 色泽：指文采。

[4] 心会：即会心；领悟之意。

[5] 诗余：诗词中词的别称，因词是由诗发展而来并被认为是诗的降一格的文学式样。南宋以后，文人称词为诗余。反映了文人对词的轻视。

[6] 苏、辛尚有豪气：苏、辛，即苏东坡与辛弃疾。苏东坡，即苏轼，字子瞻，号东坡居士，北宋著名文学家，其词属于豪放一派，与辛弃疾同是豪放派代表，并称“苏辛”。辛弃疾，字幼安，自号稼轩居士，南宋伟大爱国诗人，诗文俱工，词作亦佳，为南宋一大宗派。豪气：才气纵横。

[7] 靡靡（mǐ mǐ）：柔弱，颓靡。

【译文】

写文章千万不能让人代写，这是世家子弟最大的坏习惯了。写文章要求工巧精致，不可以随意排布、涂改，这些在很大程度上关乎文章的文采。你们不能当面听我训教，每天将这封信读上一次，应当能心领神会的。幼年的时候应当专心攻读科举考试的科目，作为居世立身的根本。诗暂且可以不必作，当然也可以偶尔写写，至于词则断断不能作。我平生中没有作过词，也不多看词作。苏轼和辛弃疾的词尚且有豪气，其他人所作的词，都是些颓靡无骨的作品，怎么可以接近呢？

【品评】

杜甫诗作《偶题》有云：“文章千古事，得失寸心知。”写文章的酸甜苦辣、成败得失，作者的体会最为深刻，也最能找出问题的症结之所在。而找人代写，则丧失了提高的机会，也全无提高的可能。三国时期的曹丕在《典论·论文》里说：“盖文章者，经国之大业，不朽之盛事。”写作关乎才，更关乎德。找人代写，欺世盗名，是人生之恶习，万万要不得！

书写得漂亮、卷面美观，是文章增色的利器。例如书法作品《兰亭序》这一千古佳作，固然与王羲之的才思、才华密切相关，但谁能否定王羲之“天下第一行书”所带来的审美价值和意义呢？

张英是传统的士大夫，观念正统。古人读书以科举为业，作文以诗文为正宗，张英秉承了这一观念，告诫子孙科举为立身之根本，诗可偶一为之，词是诗的余绪，除苏东坡和辛弃疾的词作之外皆靡靡之音，断不可作。这也反映出当时读书人思维固有的局限性。

# 修身篇

古人佩玉，朝夕不离，义取温润坚栗。君子无故不撤琴瑟，义取和平温厚。故质性爽直者，恐近高亢，益当深体此意，以自箴砭，不可任其一往之性也。

## 玉品琴道　温润宽厚

【原文】

古人佩玉，朝夕不离[1]，义取温润坚栗[2]。君子无故不撤琴瑟[3]，义取和平温厚。故质性爽直者，恐近高亢[4]，益当深体此意，以自箴砭[5]，不可任其一往之性[6]也。

【注释】

[1]“古人佩玉”二句：语出《礼记·玉藻》：“古之君子必佩玉，君子无故，玉不离身。”古人佩玉是要时刻提醒自己，做人也要像玉一样清透而温润，品行举止要如玉，自始至终都怀有高尚的美德。

[2] 温润坚栗：温和滑润而又坚贞不移。

[3]“君子无故”句：语出《礼记·曲礼下》：“士无故不撤琴瑟。”古人以弹琴为修身养性的一个重要方式，而不是单纯地以此演奏音乐。嵇康在《琴赋》中说：“众器之中，琴德最优。”

[4] 高亢：刚直不肯屈服。

[5] 箴砭：规劝过失。

[6] 一往之性：旧有的习性。

【译文】

古人身上所戴的玉佩，一刻也不离身，这是以玉的温和滑润而又坚贞不移的品格来自比。君子以琴瑟伴其左右，不会随意撤去，这是以琴瑟的温和宽厚的品格来自比。那些本性爽直的人，往往过于刚直而不肯屈服，因此更应当深刻体悟古代君子佩玉和鼓琴之真意，以此纠正自己的错误，不可以依着自己旧有的习性任意而为。

【品评】

孔子曾经说过这样的一段话："君子比德于玉焉：温润而泽，仁也；缜密以栗，知也；廉而不刿，义也；垂之如坠，礼也；叩之其声清越以长，其终诎然，乐也；瑕不掩瑜，瑜不掩瑕，忠也；孚尹旁达，信也；气如长虹，天也；精神见于山川，地也；圭璋特达；德也；天下莫不贵者，道也。"历代以来，美玉为人所重，也往往成为美德的象征，比如我们至今沿用的成语"怀瑾握瑜"。古人佩玉，朝夕不离，意取于此。

古人云："琴者，禁也。禁止于邪，以正人心。"古琴担当着禁止淫邪、端正人心的道德责任。以琴修身养性，不断克服自己的任性和私欲，达成心灵的通达和平。嵇康的《送秀才从军》也曾写到："目送归鸿，手挥五弦。俯仰自得，游心太玄。"在琴声中，生命与天地自然合二为一。故嵇康在《琴赋》中说："众器之中，琴德最优。"

细细想来，玉、琴不过是媒介，成就玉品，感悟琴道方为真君子。

## 居家立身　不可好奇

【原文】

人之居家立身，最不可好奇。一部《中庸》[1]，本是极平淡，却是极神奇。人能于伦常无缺，起居动作、治家节用、待人接物，事事合于矩度，无有乖张，便是圣贤路上人，岂不是至奇？若举动怪异，言语诡激[2]，明明坦易道理，却自寻奇觅怪，守偏文过[3]，以为不坠恒境[4]，是穷奇梼杌之流[5]，乌足以表异[6]哉？布帛菽粟，千古至味，朝夕不能离，何独至于立身制行[7]而反之也？

【注释】

[1]《中庸》：儒家学说经典论著，与《论语》《大学》《孟子》合称四书，内容以探讨孔门心法为主，相传为孔子之孙子思所作。

[2] 诡激：奇异而激烈。

[3] 守偏文过：追求不正之事物，掩饰错误。

[4] 不坠恒境：不落窠臼。

[5] 穷奇梼杌（táo wù）之流：喜欢做一些怪诞凶险之事的人。穷奇、梼杌：传说与浑敦、饕餮均为远古凶恶之物。

[6] 乌足以表异：哪里能够表现出特别的地方。乌，疑问代词，何，哪。

[7] 制行：约束行为。

【译文】

人在居家和持身立节方面，最不可追求新奇。《中庸》这本书，原本内容语言极其平淡简洁，却是极其神异奇特的。人们如果能够在人伦秩序上处理到位，起居劳作、持家用度、待人接物等，事事均合乎规矩法度，没有背离正道的表现，那便是走在通往圣贤之路上了，这难道不是最新奇的吗？假若举止动作怪异荒诞，言语措词奇异而激烈，明明浅显易懂的道理，却要自寻新奇怪诞，坚持剑走偏锋、掩饰错误，还认为这是不落窠臼的表现，其实不过是一些喜欢做怪诞凶险之事的人，又哪里能够表现出特别的地方呢？粗布杂粮这类最平常的东西，是自古以来最好的东西，每天都离不开，为何唯独在持身立节、约束行为方面要反其道而行之呢？

【品评】

居家立身，不可好奇，要行中庸之道。

对于中庸，今人相当狭隘地理解为平庸，实则大谬也！“中庸”一词最早出现在《论语》一书中，孔子曰：“中庸之为德也，其至矣乎！”子思也说：“极高明而道中庸。”从本源上来讲，中庸天生就是一种高贵的品格和修养。

中庸倡导不偏不倚、无过无不及的处事原则和方法，以达到最合适、最适当的状态。因此，在儒家看来，中庸是一种道德标准，是人生的最高境界，是充满着诗意的美学。有了中庸的参照，艺术和人生都会呈现出独特的风范和魅力。《诗经》的“哀而不伤，怨而不怒”就是温柔敦厚的诗教之美，孔子的“温而厉，威而不猛，恭而安”闪耀着中正平和的气象。张英十分反对那些行为举止怪异偏激、言行乖张、喜欢做一些怪诞凶险之事的人，同时也十分反对这种所谓的“好奇”。

中庸之道也是平常之道，虽平常，却可贵。正如五谷杂粮，家常便饭，但“千古至味，朝夕不能离”。

## 誓不着缎　不食人参

【原文】

圃翁曰：予于归田之后，誓不着缎，不食人参。夫古人至贵，犹服三浣之衣[1]。缎之为物，不可洗、不可染，而其价六七倍于湖州绉紬与丝紬[2]；佳者三四钱一尺，比于一疋[3]布之价。初时华丽可观，一沾灰油便色改而不可浣洗；况予性疏忽，于衣服不能整齐，最不爱华丽之服。归田后惟着绒褐[4]、山茧[5]、文布[6]、湖紬，期于适体养性；冬则羔裘[7]，夏则蕉葛[8]，一切珍裘细縠[9]，悉屏弃之，不使外物妨吾坐起也。

【注释】

[1] 三浣（huàn）之衣：经过多次洗涤的衣服。浣，洗。源自于《新唐书·柳公权传》："因举袂曰：此三浣矣。"

[2] 紬（chóu）：同"绸"，丝织物的通称。

[3] 疋（pǐ）：同"匹"，量词，用于计量整卷的绸布。

[4] 绒褐：黄黑色会起毛的纺织品。

[5] 山茧：用野蚕丝所织成的绸。

[6] 文布：印染过的布。文，同"纹"。

[7] 羔裘：羊皮衣。

[8] 蕉葛：用蕉麻纤维织成的布。

[9] 珍裘细縠（hú）：珍贵的皮衣，精细的纱绸。縠，绉纱。

【译文】

圃翁说：我在辞官归乡之后，发誓不穿绸缎衣服，不吃人参补药。古代即使很显贵的人，也还穿洗过多次的衣服呢。绸缎之类，既不能

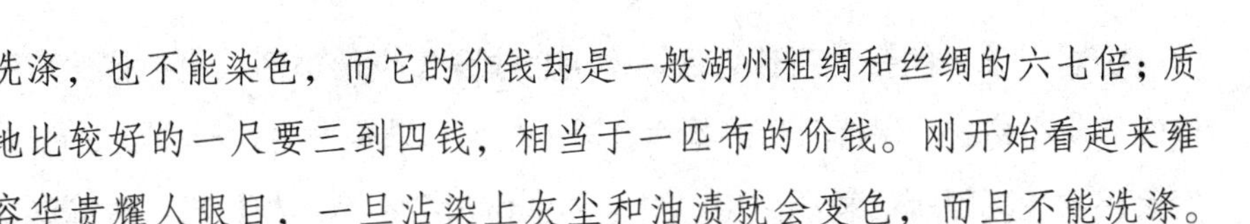

洗涤，也不能染色，而它的价钱却是一般湖州粗绸和丝绸的六七倍；质地比较好的一尺要三到四钱，相当于一匹布的价钱。刚开始看起来雍容华贵耀人眼目，一旦沾染上灰尘和油渍就会变色，而且不能洗涤。况且我这个人向来粗疏，穿衣做不到整整齐齐，最不喜欢华丽的服饰。回家务农后只穿一些黄黑色会起毛的纺织品、用野蚕丝所织成的绸、印染过的布、湖州产的丝绸制作的粗衫布褂，希望能使身体舒适修养性情；冬天穿羊皮衣，夏天穿用蕉麻纤维织成的布衫。对于那些珍贵的皮衣，精细的纱绸，悉数摒弃而不用，这是为了不让身外之物妨碍自己的行动啊。

【品评】

诸葛亮谆谆告诫他的孩子：“静以修身，俭以养德。”节俭绝非吝啬，它以对物质要求的简单、克制为起点从而达到道德修养的提高和完善。节俭之人“明白一粥一饭，当思来之不易；半丝半缕，恒念物力维艰”，永远带着敬畏之心面对生活，不奢侈，不张扬，不跋扈，自然而然提升了个人的素养和品味。

在家庭中提倡节俭，可以形成良好的家风，对子女的教育也有积极的影响。如果整个社会奢靡之风盛行，不仅会带来巨大浪费，有时甚至会影响到国家的长治久安，这样的例子古今中外，比比皆是。古语云：“奢靡之始，危亡之渐”。“有国者未偿不以恭俭也，失国者未偿不以骄奢也。”

霜雪红梅（丁辅之）

官居大学士的张英致仕之后，本可以享受富贵的生活，但他依然粗茶淡饭、麻布葛衣，保持节俭的本色。因为他明白节俭养身、养德，更养家；穷奢极欲，无限制的物质欲望，对个体生命未尝不是一种桎梏，奢靡的家风也容易滋长子孙的贪婪之性，对后代的健康成长尤为不利。如果考察张英能长寿、家庭教育能够成功的原因，节俭是绝对不能忽视的要素。

# 君子之风　淡泊明志

【原文】

老年奔走应事务，日服人参一二钱。细思吾乡米价，一石不过四钱，今日服参，价如之或倍之[1]，是一人而兼百余人糊口之具，忍[2]孰甚焉？侈孰甚焉？夫药性原以治病，不得已而取效于旦夕，用是补续血气，乃竟以为日用寻常之物，可乎哉？无论物力不及，即及亦不当为，予故深以为戒。倘得邀恩遂初[3]，此二事断然不渝[4]吾言也。

【注释】

[1] 如之或倍之：相等或加倍。

[2] 忍：狠心。

[3] 邀恩遂初：获得恩准，完成归田的心愿。遂，完成；初，本意。

[4] 不渝：不改变。

【译文】

年老之人奔波劳累处理日常事务，每天服用人参一到二钱。仔细想想我们家乡大米的价钱，一石也不过四钱左右，现今每天服用人参，花销与之相等或加倍，这相当于一个人吃了一百个人的口粮啊，怎么能狠心去享用呢？怎么能如此奢侈呢？人参的药用价值，原本是为了治病，在迫不得已的情况下才用作应急的药物，用它来补充气血，现今竟然把它当作寻常日用的物品，可以这样吗？且不说经济上允不允许，即使财力足够也不应当这样做，我因此深以为鉴。假若能够获得恩准，完成归田的心愿，对于不穿绸缎衣服、不吃人参这两件事，我是绝对不改变我说过的话的。

【品评】

在古代，官员特别是高级官员有权享用珍馐，那些官员往往引以为荣，以此作为身份和地位的象征。“一骑红尘妃子笑，无人知是荔枝来”，为了让杨贵妃吃到新鲜的荔枝，唐明皇不惜动用用于军事用途的飞骑来运送荔枝，其腐化生活可见一斑。“一丛深色花，十户中人赋”，富贵人家观赏的一丛红牡丹花，相当于十户中等家庭的赋税，可见朱门之家，奢华至极。富贵之家有更富足的物质生活本无可厚非，但《菜根谭》也讲过这样的道理：“藜口苋肠者，多冰清玉洁；衮衣玉食者，甘卑膝奴颜。”过于奢靡的生活对于个人修养的提升、良好家风的形成、国家的和谐安定都极为不利。

张英历经康乾盛世，官居一品，儿孙个个才干优长，荣耀至极。每日服一二钱的人参对于位极人臣的张英来说本是小事一桩，但他深以为戒，为官时不服人参，即使归隐后也一如当初，君子之风，山高水长，淡泊明志，难怪康熙皇帝称赞张英“有古大臣之风”。

梅竹双清（祁豸）

## 为人宽容　待人谦卑

【原文】

予行年六十一，生平未尝送一人于捕厅[1]，令其呵谴[2]之，更勿言笞责[3]。愿吾子孙终守此戒，勿犯也。不足，则断不可借债；有余，则断不可放债。权子母[4]起家，惟至寒之士稍可，若富贵人家为之，敛怨[5]养奸，得罪招尤[6]，莫此为甚。乡里间，荷担负贩及佣工小人，切不可取其便宜。此种人所争不过数文，我辈视之甚轻，而彼之含怨甚重。每有愚人，见省得一文，以为得计，而不知此种人心忿口碑[7]，所损实大也。待下我一等之人，言语辞气最为要紧。此事甚不费钱，然彼人受之，同于实惠，只在精神照料得来，不可惮烦[8]，《易》[9]所谓"劳谦"[10]是也。予深知此理，然苦于性情疏懒，惮于趋承，故我惟思退处山泽，不见要人，庶少斯过，终日懔懔[11]耳。

【注释】

[1] 捕厅：清代州县官署中的佐杂官，因有缉捕之责，故称。

[2] 呵谴：斥责。

[3] 笞责：鞭打。

[4] 权子母：古代国家铸钱，以重币为母，轻币为子，权其轻重而流通。后将借贷生息也称为"权子母"。

[5] 敛怨：招惹怨仇。

[6] 招尤：招来怨恨。

[7] 心忿口碑：心中忿恨而嘴上到处传说。

[8] 惮烦：怕麻烦。

[9]《易》：即《周易》，儒家经典之一。相传系周人所作，为古代占筮

之书。

[10]“劳谦”：见《易·谦卦》“劳谦，君子有终，吉”，有功劳而仍然能够谦虚，君子必有好结果。

[11] 懔懔：戒慎的样子。

【译文】

我活到六十一岁了，一生中没有送一个人到捕厅去接受斥责，更不用说鞭打别人了。我希望我的子子孙孙，永远恪守着这条戒律而不要去违背它。生活不充足，绝不可去借债；生活有了节余，也坚决不可以放贷。以放贷生息起家，这样的事情只有贫困到了极点的人才可以稍微做一下，富贵的人家如果做这种事，就会招惹怨仇、滋长奸心，得罪他人、招来怨恨，没有比做这种事更厉害的了。乡间那些肩扛背驮的佣工们，千万不要去占他们的便宜。这种人争夺的不过是几文钱而已，在我们看来不算什么，但对他们来说就会怀恨在心。有些比较愚蠢的人，见节省了一文钱，就认为自己得到了便宜，殊不知有些人因心中忿恨而嘴上到处传说，口碑上的损失实在大于所得。对待不如我们的人，说话用辞是最为要紧的。这种事虽然不需要花费钱财，但他们听到接受了，也是同样实惠有用的，只不过是在精神方面给予安慰而已，不要嫌麻烦，《易经》中所说的“劳谦，君子有终，吉”就是这个意思。我深知这种道理，但又苦于自己的性格属于疏忽懒散的一类，懒得去趋承奉迎，故此我只有想着去退居山林间，不去见那些显贵的人物，也就少了许多这方面的过失，免得一天到晚都得小心翼翼。

【品评】

家庭教育中最重要的就是言传身教，垂范的力量是无穷的，父母良好的道德修养会潜移默化地熏陶和感染孩子，张英以实际行动教化和教育着子孙后代。

待人宽容，得饶人处且饶人。如果别人冒犯了自己，就极力报复，鞭打责备，送至官府，这是非常狭隘的表现，张英以自己六十一年不犯此戒的实践告诫子孙要待人宽容，这样的家教显然更具有说服力和带动作用。

放贷谨慎。不要轻易放贷，富贵之家尤为不可，因为这是极容易敛怨养奸的。对于富贵之家，放贷取的是小利，而口碑损失则大，不可为之。

待人谦卑。对长辈、上级，人们往往能够做到谦卑；对于下一等之人，则容易颐指气使、趾高气扬，言辞语气都给人居高临下之感。《周易》讲“劳谦”，谦恭是君子待人的必备品格，不会因为他人地位高低发生变化。

孔子说：“己身正，不令而行；其身不正，虽令不行。”当我们还在抱怨孩子没有养成读书的习惯时，你自己是不是正在一天到晚盯着手机屏幕做着“示范”呢？家教需要榜样的力量。

# 一言一事　皆思益人

【原文】

与人相交，一言一事皆须有益于人，便是善人。余偶以忌辰[1]着朝服[2]出门，巷口见一人，遥呼曰："今日是忌辰！"余急易[3]之。虽不识其人，而心感之。如此等事，在彼无丝毫之损，而于人为有益。每谓同一禽鸟也，闻鸾凤[4]之名则喜，闻鸺鹠[5]之声则恶；以鸾凤能为人福，而鸺鹠能为人祸也。同一草木也，毒草则远避之，参苓[6]则共宝之；以毒草能鸩人，而参苓能益人也。人能处心积虑，一言一动皆思益人，而痛戒损人，则人望之若鸾凤，宝之如参苓，必为天地之所佑，鬼神之所服，而享有多福矣。此理之最易见者也。

【注释】

[1] 忌辰：先人或父母去世的日子。

[2] 朝服：上朝时所穿的官服。

[3] 易：更换。

[4] 鸾凤：鸾鸟和凤凰，皆为古代传说中的神鸟。

[5] 鸺鹠（xiū liú）：俗称小猫头鹰，羽毛棕褐色，有横斑，尾黑褐色，腿部白色。传说鸺鹠是阴间的使者，以人的魂魄为食，所以人们认为鸺鹠在房前屋后降落是不祥之兆。

[6] 参苓（líng）：人参与茯苓，皆中药草名，服之有益于身体。

【译文】

和他人相处相交，自己的一言一行都对别人有益，就可以称得上是善人。我偶然一次在先人去世的日子里穿着上朝时所穿的官服出门，在巷口遇见一个人，他远远地对我喊道："今天是先人去世的日子！"我急忙更换了衣服。虽然不认识这个人，但我从心里感激他。像这类事情，对于他来说没有丝毫的损害，但对别人是有益处的。常说同样是禽鸟，听到鸾鸟和凤凰的名字则欣喜，听到鸺鹠的声音就厌恶；这是因为鸾鸟和凤凰能给人们带来福气，而鸺鹠会给人们带来灾祸。同样是草木，对于有毒的草木就远远躲开，对于人参和茯苓之类的草药则都视若珍宝；这是因为有毒的草木能毒死人，而人参和茯苓等草药则对人有益。人能够心心念念，一言一行都想着要对他人有益，而彻底不做损害他人的事，那么人们期待他如同期待鸾鸟和凤凰，珍视他如同珍视人参和茯苓，必定会为天地所保佑，为鬼神所敬服，从而享受更多的福气。这个道理是极容易看清的。

琴操参禅（徐菊庵）

【品评】

张英说"与人相交，一言一事皆须有益于人"，便是善人。明朝思想家袁黄在《了凡四训》中也表达了同样的思想："有益于人，是善。"治国平天下，施惠天下苍生，是善；善意的提醒、温暖的拥抱同样有益于人，也是善。我们每一个人的资质不同，能力有大小之分，但只要能帮助到别人，都是善人。

有益于人，让人感动、尊敬，"望之若鸾凤，宝之如参苓"；有损于人，闻之则恶，视之似恶禽毒草，唯恐避之不及。张英认为行助人善举，天地都会庇护他，鬼神都会敬服他。据《左传》记载：晋国大夫魏武子有一位年轻漂亮的宠妾祖姬，魏武子行将就木的时候，告诉自己的儿子魏颗说："我死之后，一定要让祖姬为我殉葬，使我在九泉之下有伴。"而魏武子死后，魏颗把祖姬改嫁他人，祖姬的亡父为报答魏颗，在魏颗与秦国打仗时，用草结成环（即结草）将秦国大力士杜回绊倒，使秦军大败，救了魏颗的性命。这便是"结草"的典故。

有益于人，助人为乐，便是行善，便是积德，便是多福。

# 爱占便宜　人恒厌之

【原文】

凡事最不可想占便宜[1]，子曰："放于利而行[2]，多怨。"便宜者，天下人之所共争也，我一人据之，则怨萃[3]于我矣；我失便宜，则众怨消矣。故终身失便宜，乃终身得便宜也。

汝曹席[4]前人之资，不忧饥寒，居有室庐，使有臧获[5]，养有田畴，读书有精舍[6]，良不易得。其[7]有游荡非僻[8]，结交淫朋匪友[9]，以致倾家败业，路人指为笑谈，亲戚为之浩叹者，汝曹见之闻之，不待余言也。其有立身醇谨[10]，老成俭朴，择人而友，闭户读书，名日美而业日成，乡里指为令器[11]，父兄期其远大者，汝曹见之闻之，不待余言也。二者何去何从，何得何失；何芳如芝兰，何臭如腐草；何祥如麟凤[12]，何妖如鸺鹠，又岂俟余言哉？

【注释】

[1] 便宜：好处。

[2] 放（fǎng）于利而行：语出《论语·里仁》，依据利之大小多寡而行。放，依照。

[3] 萃：聚集。

[4] 席：凭借，倚仗。

[5] 使有臧获：有仆人可以差遣使唤。臧获，奴婢。

[6] 精舍：佛家说法的处所。古人也把讲学的处所和书斋称为精舍。这里指后者。

[7] 其：那，那些。

[8] 非僻：邪恶不正。

[9] 淫朋匪友：淫荡浮靡、为非作歹的朋友。

[10] 醇谨：敦厚谨慎。

[11] 令器：优秀的人才。

[12] 麟（lín）凤：麒麟和凤凰。麟，人称仁兽，圣人出则见，雄者称麒，雌者称麟。凤，鸟中之王，为祥瑞之兆，雄者称凤，雌者称凰。

【译文】

做任何事情都不可以只想着得到好处，孔子的《论语·里仁》有云："如果任何事情都依照是否有利于个人私利来行事，就会招致别人对自己的怨恨。"有好处的事，是天下之人所共同争抢的事，如果我一个人把好处占尽，那么怨恨就会聚集到我身上；如果我失去了有好处的事，那么众人的怨恨自然就消除了。因此，终生不得便宜，其实是终生得了便宜。

你们倚仗先辈留下的祖业，无衣食之忧，有房舍居住，有仆人可以差遣使唤，有田地可以供给，有书斋读书，的确是不容易的。有那些游手好闲、邪恶不正，结交淫荡浮靡、为非作歹的朋友，导致倾家荡产、败坏家业，被不相干的路人当作笑料，令亲戚朋友大声叹息的人，你们见到过也听到过，无须我多说了。有那些处世为人敦厚谨慎，成熟稳重、节俭朴素，选择有益之人结交，不预外事、刻苦读书，名声一天比一天好而学业日益有所成，乡里人称其为优秀的人才，父辈兄长期望其前程远大的人，你们见到过也听到过，无须我多说了。这二者之间应该去除哪个跟随哪个，应该获取哪个摒弃哪个；哪一个芳香如芷和兰，哪一个恶臭如腐烂的草；哪一种如麒麟和凤凰那般祥瑞，哪一种如鸺鹠那般不祥，还用得着我再多说吗？

【品评】

不占便宜是教养。张英认为"凡事最不可想占便宜"，便宜往往是利益之所在，一人占之，众怨所集，看似占了小便宜，却失却了公道人心。

所以，爱占便宜之人，人恒厌之。因此，也有人说，爱占便宜之人终究占不到便宜。

世家子弟承蒙先人荫庇，物质条件优越，实属不易。但有人游手好闲、结交狐朋狗友，最终倾家荡产，成为人们的笑谈；也有人躬身修行、勤俭立业，终有所成，为乡人亲朋所器重。张英撇开简单的说教，将正反两方面的例子摆在后辈人的面前，孰优孰劣，何去何从，毋庸赘言。

## 宽容忍让　平心和气

【原文】

我愿汝曹常以席丰履盛[1]为可危可虑、难处难全之地，勿以为可喜可幸、易安易逸之地。人有非之责之者，遇之不以礼者，则平心和气，思所处之时势[2]，彼之施于我者，应该如此，原非过当；即我所行十分全是，无一毫非理，彼尚在可恕，况我岂能全是乎？

【注释】

[1] 席丰履盛：比喻祖上的遗产丰富，子孙后辈坐享优越的物质条件。席，指坐具。履，鞋子。

[2] 时势：时代的趋势；当时的形势。

【译文】

我希望你们能把祖上留下的优越物质条件当作危机和令人忧虑、难以相处保全的境遇，而不要当作可以欢喜庆幸、安闲享乐的条件。遇有非难指责之人，或遇到不礼貌之人，要心平气和，想想当时的形势，他人如此对待自己，也是应该的，原本没有什么过分的地方；即使自己所做的事情十全十美，没有一丝一毫的过失，对方的非难和无礼也是可以谅解宽恕的，何况我们怎么可能做到十全十美呢？

【品评】

《红楼梦》中所叙述的贾家乃是富贵之家，其中第四回里描写到“贾不假，白玉为堂金作马”，贾家的荣宁二府一时煊赫至极，荣华尽享，无奈儿孙多纨绔，有骄奢淫逸如贾珍、贾赦之流，有求仙问道如贾敬之辈，最终落得“家亡人散各奔腾”的处境。张英认为，富贵之家是“可危可虑、难处难全之地”，而非“可喜可幸，易安易逸之地”。作为富贵人家的子弟，要有危机意识，时时居安思危。

为人处世要有宽容、忍让之心，面对非议，遭受不公平的待遇而能心气平和，如孔子所讲“人不知而不愠”，正是君子的品格和风范。设身处地，换位思考，也许别人的指责有其合理性，即使指责毫无道理，也要有“无故加之而不怒”的大度胸怀，更何况我们并非尽善尽美。

寒江独钓图（溥儒）

## 终身让路　不失尺寸

【原文】

古人有言："终身让路，不失尺寸。"老氏[1]以"让"为宝，左氏曰："让，德之本也。"[2]处里闬[3]之间，信世俗之言，不过曰："渐不可长[4]。"不过曰："后将更甚。"是大不然！人孰无天理良心、是非公道？揆之天道，有满损谦益之义；揆之鬼神，有亏盈福谦之理。自古只闻忍与让，足以消无穷之灾悔，未闻忍与让，翻[5]以酿后来之祸患也。

【注释】

[1] 老氏：即老子，姓李名耳，字老聃，道家思想创始人，主张柔弱、虚静、退让，一切顺乎自然，著有《道德经》。

[2] "左氏曰"二句：谦让，是道德的根本。语出《左传·昭公十年》："让，德之主也，让之谓懿德。凡有血气，皆有争心，故利不可强。"左氏，即左丘明，相传为春秋鲁国史官，曾据《春秋》而作《春秋左氏传》。

[3] 里闬（hàn）：里门、乡里。

[4] 渐不可长：指刚露头的不好事物不可让其蔓延滋长。

[5] 翻：反而。

【译文】

古人说过："一生礼让谦让，不会损失一丝一毫。"老子将"谦让"视为珍宝，左丘明在《左传·昭公十年》有云："谦让，是道德的根本。"身处乡里之中，相信世俗之话，仅仅是说："不可让其蔓延滋长"。仅仅是说："此后会更加严重。"实在是太不应该如此！人谁能没有天理良心，是非公道呢？从天道来推测，有自满招致损失、谦虚获得益处的

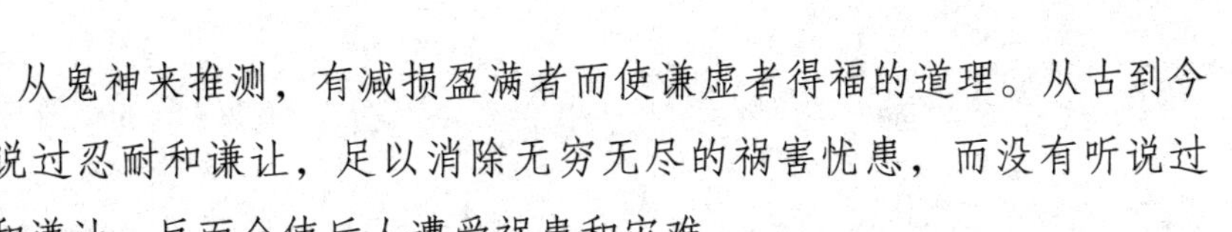

含义；从鬼神来推测，有减损盈满者而使谦虚者得福的道理。从古到今只听说过忍耐和谦让，足以消除无穷无尽的祸害忧患，而没有听说过忍耐和谦让，反而会使后人遭受祸患和灾难。

【品评】

谦让、礼让是美德。中国素有“文明之国，礼仪之邦”的美誉，“孔融让梨”的故事家喻户晓，千百年来都是中国人学习礼让的楷模。

谦让、礼让可以减少纷争，促进生活和谐，特别是邻里之间相处更应如此。据《桐城县志》记载，张英的家人与邻居吴家因宅基地发生争执，一封飞书传到京城，张英当即回诗一首：“一纸书来只为墙，让他三尺又何妨。万里长城今犹在，不见当年秦始皇。”家人看后，主动礼让三尺，邻居吴家也深受感动，也退让三尺，“六尺巷”由此得名，并传为千古美谈。张英以自己的言传身教对礼让做出了最好的诠释，也对子孙的教育做出了最好的榜样。

懂得谦让、礼让是修身之本，但谦让、礼让不是无原则、无节制的忍让，也要有当仁不让的勇气和气魄，遇到应该做的事就积极主动去做、不推让，这才是文质彬彬的君子风骨。

## 忍让之道　小事做起

【原文】

欲行忍让之道，先须从小事做起。余曾署刑部事[1]五十日，见天下大讼大狱，多从极小事起。君子敬小慎微，凡事只从小处了。余行年五十余，生平未尝多受小人之侮，只有一善策——能转弯[2]早耳。每思天下事，受得小气则不至于受大气，吃得小亏则不至于吃大亏，此生平得力之处。

【注释】

[1] 署刑部事：兼代刑部之职。署，代理任事。

[2] 转弯：另寻出路，不逞强，善于变通。

【译文】

要想做到忍让，必须先从小事做起。我曾经兼代刑部之职五十多天，看到重大的讼案和刑狱，大多都由很小的事情引起。君子对待细小的事物也采取小心谨慎的态度，凡事都大事化小处理。我活了五十余年，生平未尝多受小人的欺侮，只有一个好办法——就是能够及早另寻出路、善于变通罢了。想想天下的事情，受得了小气就不会受大气；吃得了小亏就不至于吃大亏，这是我此生中最受益的道理了。

【品评】

张英所谈的忍让之道实质上是谦让之道，行谦让之道要从小事做起。

“勿以恶小而为之，勿以善小而不为”，不要因为是件比较小的坏事就去做，不要因为是件比较小的善事就不去做，这是蜀主刘备临终告诫刘禅的话，意在告诫刘禅不要轻视小事情，积少成多，小善也会带来福报，小恶也会酿成灾祸。老子《道德经》中也说:"天下难事必作于易,天下大事必作于细。是以圣人终不为大,故能成其大。"任何事情的成功或失败都一步步从具体细小的事情开始,行谦让之道概莫能外。

积累了五十余年的人生阅历,洞察人生百态,张英明白无论祸福,都"多从极小事起"。因此,君子处事要"敬小慎微",防微杜渐,未雨绸缪;对于行忍让之道,张英认为要"受得小气""吃得小亏",这是他人生经验之所得,也是他"生平得力之处"。

松下高士(陈少梅)

# 厚重沉静　载福之器

【原文】

圃翁曰：人生必厚重沉静，而后为载福之器[1]。王谢子弟[2]席丰履厚，田庐仆役无一不具，且为人所敬礼，无有轻忽之者。视寒畯之士[3]，终年授读，远离家室，唇燥吻枯[4]，仅博束脩[5]数金，仰事俯育咸取诸此。应试则徒步而往，风雨泥淖，一步三叹；凡此情形，皆汝辈所习见。仕宦子弟，则乘舆驱肥[6]，即僮仆亦无徒行者，岂非福耶？乃与寒士一体怨天尤人，争较锱铢得失，宁非过耶？

【注释】

[1] 载福之器：能够承受福德的人。

[2] 王谢子弟：望族的子孙。王谢，六朝望族琅琊王氏与陈郡谢氏之合称，后成为显赫世家大族的代名词。

[3] 寒畯（jùn）之士：出身寒微而有才能的读书人。

[4] 唇燥吻枯：即口干舌燥。吻，即嘴唇。

[5] 束脩（xiū）：古代入学敬师的礼物，这里借指薪俸。

[6] 驱肥：骑乘肥壮的马。

【译文】

圃翁说：人生在世，一定要敦厚持重，沉稳闲静，这样才能成为承受福德的人。那些望族的子孙享有优裕的生活条件，田地、房屋、奴婢、侍从，一应俱全；而且被世人所敬重钦仰，没有人敢轻视忽略他们。再看看那些出身寒微的读书人，一年到头不是讲授，就是读书，远离自己的父母妻儿，嘴干舌燥，只能获得薄薄的一点薪俸，上要养活双亲下要抚育儿女，全都指望着这些薪俸。遇上科举考试，还得徒步前往，风吹雨淋，步履艰难，真是走一步叹三叹；所有这些，都是你们所常常看到的情形啊。那些官宦人家的子弟们，却是坐着豪华的马车，骑乘肥壮的马，即使是他们的奴仆也不用徒步行走，这难道不是福气吗？然而他们却仍然和贫寒的士人们一起怨天尤人，为一丁点儿利益争论不休，这难道不是有点太过分了吗？

【品评】

为人敦厚持重，才能惜福，方能承福、享福。

仕宦之弟，既富且贵，锦衣貂裘、美味佳肴、良田美宅、仆役随从，无一不具，充分享受着物质的丰裕和便利；同时在社会上享有较高的地位，被世人看重、礼敬。相比较哪些辛苦劳作却终年衣衫褴褛、食则糟糠、居则穷庐、行则徒步的寒士俊杰，人生境遇有天壤之别。因此，不但不能像寒士一样怨天尤人，锱铢必较，而且更要达观，懂得敦厚持重，珍惜福分。

仕宦之弟，要懂得珍惜福分，不怨天尤人，要敦厚持重，张英给子孙们明确地指出了这一点。但另一方面，敦厚持重的要义还在于拥有富贵却不骄不奢，这一点更为重要，看看当今社会，有多少富二代、官二代作风粗鄙、张扬，由此可知，张英所提倡的“人生必厚重沉静”有多么重要。在家财万贯、地位尊显的家庭背景下，富贵子弟很难保持从容平和的心态，人性的顽劣部分很容易淋漓尽致地显现出来，炫富、斗富，奢侈之风蔓延，最后落下亡命败家的后果。

# 处贵之道　贵在善处

【原文】

圃翁曰：人生适意之事有三：曰贵，曰富，曰多子孙。然是三者，善处之则为福，不善处之则为累。至为累而求所谓福者，不可见矣。何则？高位者，责备之地[1]，忌嫉之门，怨尤之府，利害之关，忧患之窟，劳苦之薮[2]，谤讪之的[3]，攻击之场，古之智人，往往望而却步[4]。况有荣则必有辱，有得则必有失，有进则必有退，有亲则必有疏。若但计丘山之得[5]，而不容铢两之失[6]，天下安有此理？但己身无大谴过[7]，而外来者[8]平淡视之，此处贵之道也。

【注释】

[1] 责备之地：指责批评的对象。

[2] 劳苦之薮（sǒu）：劳心尽力之所在。薮，人或物聚集的地方。

[3] 谤讪之的（dì）：毁谤讥刺的目标。的，目标。

[4] 却步：退缩不前。

[5] 丘山之得：极大极多的好处。丘山，山岳，比喻重、大或多。

[6] 铢两之失：极小极少的损失。铢，古代质量单位，一两的二十四分之一。常指极轻的分量。

[7] 谴过：罪恶、过错。

[8] 外来者：指前述之责备、忌嫉、怨尤、利害、忧患、劳苦、谤讪、攻击。

【译文】

圃翁说：人生有三件称心如意之事：高贵、富裕、多子多孙。然而这三件事，能够妥善处理则是福气，不能妥善处理就会成为负担。至于成了负担拖累而追求所谓的福气的人，难得一见啊。为什么呢？处高位的人，是指责批评的对象，是妒忌猜忌的出入口，是埋怨责怪的第宅，是祸害的要塞关口，是使人困苦忧虑的窟穴，是劳心尽力之所在，是毁谤讥刺的目标，是被人攻击陷害的场所，古代的智人往往对此望而却步。况且，有荣誉必然有侮辱，有所得必然有所失，有前进必然有后退，有亲密必然有疏远。若只图谋极大极多的好处，而不能容忍极小极少的损失，天下哪会有这样的道理呢？只要自己没有什么重大的过失，对于外来的责备、忌嫉、怨尤、利害、忧患、劳苦、谤讪、攻击等皆平淡看待，这就是身居高位的基本原则。

【品评】

任何事物的发展都具有两面性：有积极的因素，也有消极的因素；有正能量的作用，也有副作用的影响。“祸兮福之所倚，福兮祸之所伏”，老子的嘉言箴语告诫人们得意时勿大意，居安更要思危。

学而优则仕，入朝为官是古代读书人孜孜以求的梦想，入朝为官意味着荣华富贵，意味着光宗耀祖。张英毫不讳言人生快意之事有三，为官乃是其一，但张英也很清醒地意识到为官特别是身居高官，潜藏着巨大的危机和风险，因为高位是“责备之地”“嫉妒之门”“怨尤之府”“利害之关”“忧患之窟”“劳苦之薮”“谤讪之的”“攻击之场”。

俗话说“伴君如伴虎”，张英为官，位极人臣，历仕三朝且稳如泰山，屹立不倒，值得后人探究和深思。其一，你不做坏事，别人就不能破坏你的事；其二，对待外来的荣辱、得失、进退、亲疏等，保持平淡的心态。这就是张英一贯坚持的为官之道和处贵之道。

## 知富之累　处富之道

【原文】

佛家以货财为五家公共之物：一曰国家，二曰官吏，三曰水火，四曰盗贼，五曰不肖子孙。夫人厚积，则必经营布置、生息防守，其劳不可胜言；则必有亲戚之请求，贫穷之怨望，僮仆之奸骗；大而盗贼之劫取，小而穿窬之鼠窃[1]；经商之亏折，行路之失脱，田禾之灾伤，攘夺之争讼[2]，子弟之浪费；种种之苦，贫者不知，惟富厚者兼而有之。人能知富之为累，则取之当廉，而不必厚积以招怨；视之当淡，而不必深恨以累心。思我既有此财货，彼贫穷者不取我而取谁？不怨我而怨谁？平心息忿，庶不为外物所累。俭于居身，而裕于待物；薄于取利，而谨于盖藏[3]，此处富之道也。

【注释】

[1] 穿窬（yú）之鼠窃：穿垣跳墙的偷窃行为。窬，越过。

[2] 攘夺之争讼：因偷窃抢夺而引起的诉讼。攘，窃取。

[3] 盖藏：语出《礼记·月令》：“命百官，谨盖藏。”指府库仓廪中所储藏之物。

【译文】

佛家认为货物和财富是以下五家的共有之物，这五家是：一是国家，二是官吏，三是水火，四是盗贼，五是不仁不孝的子孙后代。人要多多积累财物，就必然要加以经营安排，要收益取利、防备守护，其中的辛苦劳累多得说不完。富裕后随之而来的必有亲戚的请求，穷苦人的怨恨乞讨，僮仆的奸诈欺骗；大到盗贼的劫掠，小到穿垣跳墙的偷摸；此外，还有经商时的亏损赔本，运输中的损坏丢失，庄稼的灾害歉收，因偷窃抢夺而引起的诉讼官司，子孙后代的浪费挥霍等；这种种辛苦，贫穷的人是不知道的，只有富裕殷实的人家样样兼有。人们如果知晓了富裕实际上是一种劳累，就应当不贪污，而没必要过多地积累而招来怨恨；也应当平淡地看待，而没必要因失去而悔恨来劳累身心。想想既然我拥有这些财货，那些贫穷的人不来掠夺我去掠夺谁呢？不怨恨我去怨恨谁呢？心情平静、无怨无忿，那就不会因为外物而使身心受累。对待自身要节俭，对待他人要大方；取得利益要少，对于府库仓廪中所储藏之物要小心，这就是身为富人的基本原则。

松下高士（郑文焯）

【品评】

为官有福累之分，同样，为富也有福累之别。树立正确的金钱观，对于富有之人来说，会减少累赘，增加福分。张英认为对待金钱要做到以下四点：

其一，取之当廉。君子爱财取之有道，孔子有云：“不义而富且贵，于我如浮云。”不义之财，万不可取。作为官吏，千万不能以手中的权力来谋取私利，把职权当作发财的工具。廉洁奉公是任何时代的官员都要恪守的准则，看看近几年的腐败案例，有多少人倒在廉洁的门外，锒铛入狱，由“人民的儿子”成为人民的罪人。

其二，视之当淡。对待金钱持平和的心态，用马克思的话来讲“钱是一般等价物”，只不过是人们赋予它太多的价值和意义。人们常说“钱不是万能的，但没有钱是万万不能的”，毋庸讳言，钱是重要的，特别是现代社会，没有钱寸步难行。但我们不能钻进钱眼而不能自拔，成为钱的奴隶。钱乃身外之物，生不带来，死不带走，它应该成为让我们生活幸福的工具，而不应成为生命的枷锁。

其三，俭于居身。俭以养德，有钱也不能任性，肆意地铺张浪费，是对金钱的糟蹋，也是对自己德行的玷污。有钱而能够接济他人，造福一方，最终也会造福自己。

其四，薄于取利。不能贪得无厌，厚于敛财是累赘，而不是福气。

老子说：“金玉满堂，莫之能守。富贵而骄，自遗其咎。”富可以是福，也可以是祸。唯有富而有道、富而好礼，富才能转化为福，成就幸福人生。

## 多子多孙　责任亦多

【原文】

至子孙之累尤多矣！少小则有疾病之虑，稍长则有功名之虑，浮奢不善治家之虑，纳交匪类之虑。一离膝下，则有道路寒暑饥渴之虑，以至由子而孙，展转无穷，更无底止。夫年寿既高，子息蕃衍，焉能保其无疾病痛楚之事？贤愚不齐，升沉各异[1]，聚散无恒，忧乐自别。但当教之孝友，教之谦让，教之立品，教之读书，教之择友，教之养身，教之俭用，教之作家[2]。其成败利钝，父母不必过为萦心[3]；聚散苦乐，父母不必忧念成疾。但视己无甚刻薄，后人当无倍出[4]之患；己无大偏私，后人自无攘夺之患；己无甚贪婪，后人自当无荡尽之患。至于天行之数[5]，禀赋之愚，有才而不遇，无因而致疾，延良医慎调治，延良师谨教训，父母之责尽矣！父母之心尽矣！此处多子孙之道也。

【注释】

[1] 升沉各异：得意或失意，处境各有不同。

[2] 作家：积储货财，兴立家业。《晋书·食货志》："桓帝不能作家，曾无私蓄。"

[3] 萦心：旋绕在心，即操心。

[4] 倍出：即"悖出"，指财物在不合情理的情况下失去，如被人巧夺或浪费以尽。语出《大学》："货悖而入者亦悖而出。"

[5] 天行之数：天命运数所在。

【译文】

至于子孙所带来的劳心伤神，那就更多了！子孙年幼的时候，会为他们的病痛忧虑；稍稍长大一些，会为他们的功名利禄忧虑，会为他们浮华不实、奢侈挥霍、不善治家优虑，会为他们结交不良朋友忧虑；一旦离开父母身边，又会有在路上行走冷热饥渴的忧虑。以至于操心了儿子再操心孙子，辗转反复无穷无尽，永无到头的日子。年寿既高，子息众多，怎么能够保证他们不会有疾病痛苦呢？贤良愚昧参差不齐，得意落魄各不相同，相聚离散没有一定，忧愁欢乐也人各不一。但要教导他们孝顺友好，教导他们谦虚忍让，教导他们树立品行，教导他们读书学习，教导他们选择好友，教导他们修养身心，教导他们节约勤俭，教导他们兴家立业。至于他们的成功失败、敏捷迟钝，作为父母则不必过于牵挂在心；至于他们的相聚离散、酸甜苦辣，父母也没有必要忧愁挂念而积劳成疾。只要注意自己没有特别刻薄吝啬的地方，后代人就不会有成倍亏空的忧虑；自己没有特别自私自利的表现，后代人就不会有被掠夺抢劫的忧虑；自己没有特别贪得无厌的行为，后代人自然就不会有倾家荡产的忧虑。至于人命的定数，天性的愚钝，有才而无机会，无故而生疾病，只要延请良医谨慎调治，延请良师谆谆教导，父母的职责就算尽到了！父母的关心就算做到了！这

多子忘忧（郑午昌）

就是对待多子多孙的基本原则。

【品评】

朱自清《背影》中父亲跨过铁道、爬上月台步履蹒跚的身影、史铁生《秋天的怀念》里母亲昏迷前的最后一句话“我那个有病的儿子和我那个还未成年的女儿……”中的无限牵挂无不诠释着为人父母的艰辛和劳累。儿时的嘘寒问暖、长大后的成才之虑、远行的担忧牵挂……儿又有孙，儿孙相继，父母的辛苦又是一个艰难的轮回。不养儿不知父母恩，做了父母的儿女才会更深刻地体会到父母的辛劳。为人子为人父的张英深有感悟，在人生三累中特别强调了“至子孙之累尤多矣”。

痴心的父母总想为孩子遮风挡雨，包办一切，为他们创造幸福的生活。但孩子的未来、成败浮沉并不能完全由父母所左右，明智通达的父母要想清楚这一点，尽责尽心，便无遗憾。作为父母，在孩子需要的时候起到养育教育的责任，供其衣食，教之读书、择友、谦让、立品、持家、养身，至于孩子能够走多远，跟自身的资质、时代甚至运气都有一定的关系。如果一味地痴心、痴情而不能放下，那么一生都将为儿女所累，儿女自身也不会因此感受到更多的幸福，有时父母的过分“放不下”甚至会成为子女痛苦的羁绊。

## 尽享福气　惜福之道

【原文】

予每见世人处好境而郁郁不快，动多悔吝忧戚[1]，必皆此三者之故。由不明斯理，是以心褊见隘[2]，未食其报[3]，先受其苦。能静体吾言，于扰扰[4]之中，存荧荧[5]之亮，岂非热火坑中一服清凉散，苦海波中一架八宝筏[6]哉？

【注释】

[1] 动多悔吝忧戚：常常追悔顾惜、忧虑悲伤。动，常常，往往。

[2] 心褊（biǎn）见隘：心胸窄小而见地狭隘。

[3] 未食其报：尚未享受到成果。

[4] 扰扰：纷乱的样子。

[5] 荧荧：微弱的光亮。

[6] 八宝筏：佛家的法器法宝，指引导众生渡过苦海到达彼岸的佛法。

【译文】

每当看到那些世俗之人身处在良好的境遇中却郁郁寡欢、闷闷不乐，常常追悔顾惜、忧虑悲伤，必然都是因为前面所说的“贵”“富”“多子孙”三者的缘故。由于不明白其中的道理，所以心胸窄小而见地狭隘，尚未享受到成果，反而先深受其苦。能够静下心来体会我所说的话，在纷乱之中，保存微弱的光亮，难道不是烈火弥漫的坑堑中的一服清凉药剂，苦海中一架引导众生渡过苦海到达彼岸的佛家法器吗？

【品评】

“贵”“富”“多子孙”是人生好事、乐事、得意事。处好境，懂得惜福之道，方为幸福人生；但是世人不明斯理，未享其福，反受其累，岂不痛哉！张英所给出的惜福之道，值得世人领会、借鉴。

张英当值南书房，居住在京城，官至大学士；家有良田美宅，子孙个个才干优长，是安徽桐城的名门望族。可以说，张英集“贵”“富”“多子孙”于一身，他既充分享受着人生的美好，却又深谙其中潜藏的危机，其惜福之道字字珠玑，乃金玉良言，是其人生经验和智慧的写照。

## 安心之法　天真之乐

【原文】

圃翁曰：予自四十六七以来，讲求安心之法。凡喜怒哀乐、劳苦恐惧之事，只以五官四肢应之，中间有方寸之地，常时空空洞洞、朗朗惺惺[1]，决不令之入；所以此地常觉宽绰洁净。予制为一城，将城门紧闭，时加防守，唯恐此数者[2]阑入。亦有时贼势[3]甚锐，城门稍疏，彼间或[4]阑入，即时觉察，便驱之出城外，而牢闭城门，令此地仍宽绰洁净。十年来，渐觉阑入之时少，不甚用力驱逐。然城外不免纷扰，主人居其中，尚无浑忘天真之乐。倘得归田遂初[5]，见山时多，见人时少，空潭碧落[6]，或庶几矣。

【注释】

[1] 朗朗惺（xīng）惺：光明而清晰的样子。

[2] 此数者：指喜怒哀乐、劳苦恐惧之事。

[3] 贼势：指喜怒哀乐、劳苦恐惧之事所造成的困扰。

[4] 间或：偶尔。

[5] 归田遂初：辞官归隐，完成本来的心愿。

[6] 空潭碧落：谓心如海阔天空。

【译文】

圃翁说：我自四十六七岁以来，讲究追求的是使内心安定之法。凡是欢喜、愤怒、悲哀、快乐、辛劳勤苦、恐惧害怕之类的事情，只用眼、耳、鼻、眉、口五种人体器官和手足去承当，内心时常保持空无所有、光明而清晰，坚决不让欢喜、愤怒、悲哀、快乐、辛劳勤苦、恐惧害怕之类的事情混入；所以内心这块地方常常感觉空间宽阔、整洁明亮。

我的心灵如同一座城池，把城门紧紧地关闭，时常加以防守保护，只担心喜怒哀乐、劳苦恐惧之事混入其中。也有的时候喜怒哀乐、劳苦恐惧之事所造成的困扰来势凶猛，城门稍微有些松懈疏忽，它们偶尔就会混入，及时地觉察发现，便将其驱逐出城外，然后牢牢地关闭城门，使自己内心的这块圣地仍然保持空间宽阔、整洁明亮。近十年来，逐渐感觉擅自混入的时候少了，不怎么需要费力去驱逐。然而城外仍免不了纷乱骚扰，主人居住在城中，尚且没有安全忘记天真无邪的乐趣；假若能够实现辞官归隐，完成本来的心愿，看见山水的时候多了，看见俗人的机会少了，心如海阔天空，那或许就可以了。

**竹石幽兰**（郑燮）

【品评】

中国有个成语叫“心猿意马”，比喻攀缘外境、浮躁不安之心有如猿猴，意思是心像马跑猿跳一样难以安定专注。佛教认为修行的最大阻碍就是心魔，心魔会带给人们无尽的痛苦和折磨。明代文人谢肇淛解读《西游记》，大旨为“求放心之喻”，孙悟空由大闹天宫到归于神佛就是求放心的过程。修心对于追求幸福生活的人们来说尤为关键，张英认为修心最重要的就是“安心”。《大学》也指出：“大学之道，在明明德，在亲民，在止于至善。知止而后有定，定而后能静，静而后能安，安而后能虑，虑而后能得。”安后能虑，虑后能得，可见心安的意义和作用非同一般。

安心要有定力，坐得下，稳得住，世俗的纷纷扰扰难免干扰人的心智，心浮气躁在所难免。智慧之人能够从容应对，呵护好内在精神的家园。张英把心灵比作一座城，将那些干扰人心的东西阻挡在城门之外，从而保持心灵的“宽绰洁净”。世事喧嚣，“结庐在人境”获得的心灵安详自由毕竟没有徜徉山水之间来得自然、流畅，居庙堂之高的张英向往着江湖之远的惬意和宁静。德国哲人海德格尔也说“人诗意地栖居在大地”，也许山川大地才是安顿心灵的最好归宿。

# 交游篇

人生以择友为第一事。自就塾以后，有室有家，渐远父母之教，初离师保之严。此时乍得友朋，投契缔交，其言甘如兰芷，甚至父母、兄弟、妻子之言，皆不听受，唯朋友之言是信。

# 立身行己　择友为要

【原文】

四者[1]立身行己[2]之道，已有崖岸[3]；而其关键切要，则又在于择友。人生二十内外，渐远于师保[4]之严，未跻[5]于成人之列。此时知识大开，性情未定，父师之训不能入，即妻子之言亦不听，唯朋友之言，甘如醴[6]而芳若兰。脱[7]有一淫朋匪友，阑入其侧，朝夕浸灌，鲜有不为其所移者。从前四事，遂荡然[8]而莫可收拾矣！此予幼年时知之最切。

今亲戚中，倘有此等之人，则踪迹常令疏远，不必亲密。若朋友，则直以不识其颜面，不知其姓名为善。比之毒草哑泉，更当远避。芸圃有诗云："于今道上揶揄鬼，原是尊前妩媚人。"[9]盖痛乎其言之矣。择友何以知其贤否？亦即前四件能行者为良友，不能行者为非良友。

予暑中退休，稍有暇晷[10]，遂举胸中所欲言者，笔之于此。语虽无文，然三十余年涉历仕途[11]，多逢险阻，人情物理，知之颇熟，言之较亲。后人勿以予言为迂而远于事情也。

【注释】

[1] 四者：指治家篇"言思可道　行思可法"一节中所说的立品、读书、养身、俭用四个问题。

[2] 立身行己：处世待人，自己行事。

[3] 崖岸：边际。这里指立身行己的规则、框架。

[4] 师保：师长教诲。

[5] 跻（jī）：登，升。

[6] 醴（lǐ）：甜酒，甘泉。

[7] 脱：若，或然之词。

[8] 荡然：全部失去。

[9] 于今道上揶揄（yé yú）鬼，原是尊前妩媚人：今天路上嘲弄你的人，以前曾是你酒樽之前的嘉客。揶揄，嘲弄。妩媚，姿态可爱。这两句是张英的同乡人张茂稷的诗。张茂稷号芸圃。

[10] 暇晷（xiá guǐ）：空闲的时日。

[11] 涉历仕途：仕宦登进的经历。

【译文】

立品、读书、养身、俭用这四种处世待人的道理，已基本具备了轮廓边界，但其中最为关键要紧的，还在于选择朋友这一点上。人在二十岁左右，逐渐远离了严厉的师长教诲，但又尚未成年，这个时候知识面打开，同时性格品行尚未健全，父辈师长们的教导已不能听入耳内，即使是妻子和子女的劝告也听不进去。只有朋友所说的话，如甘泉般甜美、如兰花般芳香。若有一个奸人强盗做朋友，让他混在身旁，一天到晚地灌输不良影响，没有几个人能不被他们所打动而变坏的。于是前面所提到的立品、读书、养身、俭用这四件事，也就荡然无存且无法收拾了。这一点我在年少的时候感触最为深刻。

现今亲戚中如果有这一类的人，那么就要让其少和我们来往，不必要与其亲密。如果朋友中有这一类的人，最好直接就不要和他认识，甚至最好不要知道他姓甚名谁。这和那些毒草哑泉比较，更应当躲避得远远的。芸圃曾作诗有云：今天路上嘲弄你的人，以前曾是你酒樽之前的嘉客。大概对此是深恶痛绝的了。选择朋友怎样才能辨别他是否有贤德？也就是前面所说的四件事，如果他能做到，那么他就是可以结交的好朋友；如果做不到，就是不可结交的人。

夏日里，我隐退在家，稍稍有些闲暇时间，就抒发心中想要说的，写在这里。虽然没什么文采，但三十多年在仕途上的奔波经历，也遇到了不少的艰难险阻；对于人之常情、物之事理，都比较熟悉，说起来也比较切近。后辈人千万不要认为我在说些迂腐骗人的话，因而疏远事理人情啊。

【品评】

“立品、读书、养身、俭用”四者构成了立身行己之道的框架，框架之外的关键在于择友。择友对于二十岁左右的青年来讲尤为重要，此时性情不够成熟、能力有待提高，又挣脱长辈师长的束缚管教，与朋友终日为伍，朋友之言最能深入人心。如果有一帮“淫朋匪友”，朝夕相处，耳濡目染，性情大变，难免不犯错误，而向来“立品、读书、养身、俭用”的修行功夫也会荡然无存。相反，如果有一群志同道合的朋友，相互切磋琢磨，功业必有大的长进，同时也会感受到“乐莫乐兮新相知”的人生喜悦。

“于今道上揶揄鬼，原是尊前妩媚人”，交友之悔、择友之痛莫甚于此。选择贤德之人作为朋友受益终身，交往品行低下的朋友贻害无穷，那么又如何择友呢？张英认为就是选择那些能行“立品、读书、养身、俭用”之人做朋友，这样的人才是良友，才是促使自己行“立品、读书、养身、俭用”之道的贤友。

# 结交益友　保家之道

【原文】

人生以择友为第一事。自就塾以后，有室有家，渐远父母之教，初离师保之严。此时乍得友朋，投契[1]缔交，其言甘如兰芷，甚至父母、兄弟、妻子之言，皆不听受，唯朋友之言是信。一有匪人[2]侧于间，德性未定，识见未纯，断未有不为其移者。余见此屡矣。至仕宦之子弟尤甚，一入其彀中[3]，迷而不悟，脱有尊长诫谕，反生嫌隙，益滋乖张[4]。故余家训有云:“保家莫如择友。”盖痛心疾首[5]其言之也。

【注释】

[1] 投契：情意相合。

[2] 匪人：行为不正的人。

[3] 彀（gòu）中：本谓弓矢所及之地，今指陷于圈套之中。

[4] 益滋乖张：越生不和。乖张，不和谐、不和好。

[5] 痛心疾首：痛心遗憾到极点、悲伤到极点。痛心，伤心。

【译文】

人的一生中应该将选择结交朋友作为首要之事。从读私塾起，到成家立业，逐渐远离了父母的教诲，刚开始远离师长的严厉教导。这个时候忽然结交了朋友，情意相合，朋友说的话入耳如同兰花、芍药般美好，甚至于连父母、兄弟、妻子儿女的话，也听不进去，只相信朋友所说的话。一旦有行为不正的人混杂在其中，自己的道德品性尚未稳定，认识和观点未能专一不杂，很少有不被这种人所改变的。我见到此类的事情多了。至于那些官宦人家的子弟尤为严重，一旦陷于圈套之中，失去了辨别判断的能力而不能醒悟，若有父母师长的告诫晓谕，反而产生隔阂，越生不和。故此我家的家训有云：“保住家族或家业，不如慎重选择结交朋友。”这是痛心遗憾到极点、悲伤到极点的言论。

【品评】

《礼记·学记》曰：“独学而无友，则孤陋而寡闻。”学业的进步离不开朋友的砥砺切磋；现代人也常说：“一个篱笆三个桩，一个好汉三个帮。”人生在世，离不开朋友的帮助和支持。但友分益损，又有良莠之别，益友往往扮演着你人生助推器的角色，损友往往会成为你人生的绊脚石，因此，择友尤为关键。

张英十分看重择友，他认为择友是人立身行己之本，这里更是把择友提高到保住家族或家业的高度。俗话说“近朱者赤，近墨者黑”，外部环境对人的影响不可忽视，特别是年轻人，远离了“父母之教”“师保之严”，只相信“朋友之言”，如果选择了益友，则多多益善，“朋友多了路好走”；若是交友不慎，则危害无穷，甚至有可能走向犯罪的深渊。《荀子·劝学》有云：“故君子居必择乡，游必就士，所以防邪辟而近中正也。”仕宦之子弟，有着良好的家庭条件，更容易结交纨绔子弟或行为不正之人，从而养成不良品性，那么败家就是必然的结局。

作为官宦人家，张英意识到了自己的子孙在交友方面存在着潜在的大危机，因此，才不厌其烦地强调择友不仅关乎立身，更关乎“保家”。

# 择友需慎　宁缺毋滥

【原文】

汝辈但于至戚中，观其德性谨厚，好读书者，交友两三人足矣。况内有兄弟互相师友，亦不至岑寂[1]。且势利言之，汝则温饱，来交者，岂能皆有文章道德之切劘[2]？平居则有酒食之费、应酬之扰；一遇婚丧有无，则有资给称贷[3]之事；甚至有争讼[4]外侮，则又有关说救援之事。平昔既与之契密，临事却之[5]，必生怨毒反唇[6]。故余以为宜慎之于始也。况且嬉游征逐[7]，耗精神而荒正业，广言谈而滋是非，种种弊端，不可纪极。故特为痛切发挥之。昔人有戒：“饭不嚼便咽，路不看便走，话不想便说，事不思便做。”洵[8]为格言。予益之曰：“友不择便交，气不忍便动，财不审[9]便取，衣不慎便脱。”

【注释】

[1] 岑（cén）寂：孤独冷清。

[2] 切劘（mó）：切磋相正。

[3] 称贷：举债。

[4] 争讼：相争而起诉。

[5] 却之：推却、拒绝。

[6] 反唇：本为不服的样子，今作翻脸之意。

[7] 征逐：朋友往来之繁密。

[8] 洵：实在。

[9] 审：详，明。

【译文】

你们要在最亲近的亲属当中，选择那些品行谨慎厚道又喜欢读书的人，结交两三人就足够了。况且家里还有兄弟，可以互相帮助，互相学习，也不至于太孤独冷清。况且，从势利的角度来说，你自己刚能够温饱，那些与你交往的人，难道都有思想品德或学识学问可以与之切磋吗？平日里也会有酒食饭菜的招待费用、应酬送往的劳顿。一旦遇上婚丧嫁娶或生活缺钱，就会有资助或借钱之类的事情；更甚者还会有相争而起诉或人格侮辱等事，这时又会有请求救援之类的事情。平时看上去关系那么亲密，事到临头却推脱拒绝，必然就会翻脸、招惹怨恨。因此从一开始交往就应该慎之又慎。

何况朋友间嬉戏、交往过于频繁，既耗费精力，又荒废了正当事务，高谈阔论便会惹事生非，种种弊端，无法详记，故此而痛心疾首地加以发挥阐述。过去有人告诫人们说，为人处世最忌讳的是："饭没有嚼烂就下咽，走路不看清就迈步，说话前不深思熟虑，事情不思量就草率去做。"这实在可以算是格言了。我补充几句，为人处世忌讳："朋友不加选择就交往，脾气不克制便乱发一通，钱财不加以分辨就往口袋里装，衣冠不分场合就随便脱掉。

【品评】

凡事三思而后行，才能"明辨""笃行"。对于择友，更要慎之又慎。

张英认为"友不择便交"正如"饭不嚼便咽，路不看便走，话不想便说，事不想便做"一样，他认为"友不择便交，气不忍便动，财不审便取，衣不慎便脱"是有害的，甚至是危险的。因此，一个"慎"字是关键。

慎在于"少"。对于交友，张英不主张多多益善。朋友多了，难免良莠不齐，泥沙俱下，群居终日，言不及义，且平日里事务繁多，稍有不慎，就可能招致怨恨纷争，既耗费了精神，又对于正业无益。

慎在于"精"。择友宁缺毋滥，"二三人足矣"。要结交那些德性谨厚，喜欢读书的朋友，他们既是益友，也是良师。

聆听德行高尚的朋友的教诲，如沐春风，顿觉清爽，精神为之振奋，视野为之开阔，境界为之提升。人生能得两三知己好友，便是一生的福分，前世的修行。

平沙落雁（清·王素）

## 清正高简　门无杂宾

【原文】

圃翁曰：古人美王司徒[1]之德，曰“门无杂宾”[2]，此最有味。大约门下奔走之客，有损无益。主人以清正高简[3]安静为美，于彼何利焉？可以啖[4]之以利，可以动之以名，可以怵[5]之以利害，则欣动[6]其主人。主人不可动，则诱其子弟、诱其僮仆：外探无稽之言，以荧惑[7]其视听；内泄机密之语，以夸示其交游。甚且以伪为真，将无作有，以侥幸其语之或验，则从中而取利焉。或居要津[8]之位，或处权势之地，尤当远之益远也。

【注释】

[1] 王司徒：指东汉末年大臣王允，字子师，出身于官宦世家，十九岁时就开始任公职。初平元年（公元190年）王允担任司徒职务，同时兼任尚书令。

[2] 门无杂宾：家里面没有乱七八糟的宾客。形容交友慎重，不胡乱交朋友。

[3] 清正高简：清廉公正高尚简单。

[4] 啖（dàn）：引诱。

[5] 怵（chù）：恐吓胁迫。

[6] 欣动：因喜悦而动心。

[7] 荧（yíng）惑：迷惑。

[8] 要津：本义为重要渡口、要路。这里是比喻重要职位。

【译文】

圃翁说：古人称赞东汉末年大臣王允的道德品行之时，称其“家里面没有乱七八糟的宾客”，这是最值得研究体会的。大概是门下奔走效劳的宾客，只有害处没有好处。主人以清廉公正、高尚简单、安静为美德，对于宾客来说还有什么利可图呢？可以用利益来引诱人，用名誉来打动人，用祸害来恐吓胁迫人，则主人可因喜悦而动心。如果主人不能被打动，那么就引诱他的子弟，诱惑他家的家童和仆人：在外面探听一些无稽的言论，用来迷惑主人的所见所感；在里面则泄露隐密的话语，来夸耀显示他的交游广博。甚至于以假的冒充真的，将没有的当作有的，若他的话语偶然应验，则能够从中获得利益。对于那些身居要职，或身处官场的人来说，尤其要越远越好地离开那些行为不端正的人。

【品评】

为官当“门无杂宾”。

中国古代的达官贵人有养士的传统，这些士人也称之为宾客。比如：战国四公子，他们都礼贤下士，所养宾客都数以千计。毋庸讳言，这些人

秋江诗舸（冯超然）

在协助主人对付政敌、维护本国的利益等方面发挥了重要作用，但鱼龙混杂，不免有乱七八糟的宾客混入其中，有时会对主人造成恶劣的负面影响，难怪王安石曾经评价战国四公子之一的孟尝君为“鸡鸣狗盗之雄耳”，以至于“鸡鸣狗盗之出其门，此士之所以不至也”，鸡鸣狗盗之徒出现在其门庭上，这就是贤士不归附他的原因。

宾客有求于主人，取悦主人就成为他们的本能，为达到目的极尽谄媚之能事。因此，有些宾客就会肆无忌惮地诱惑蒙骗主人，蒙骗主人不成，就蒙骗诱惑主人的子弟、仆役，无所不用其极。诸葛亮在总结两汉得失时痛心地指出：“亲贤臣，远小人，此先汉所以兴隆也；亲小人，远贤臣，此后汉所以倾颓也。”为君王尚且如此，更何况做人臣呢？

《菜根谭》有云：“士大夫居官，不可竿牍无节，要使人难见，以杜幸端。”意思是说当朝为官的人，与别人的书信往来不可以漫无节制，要使人难以见你一面，以避免那些投机取巧奔走钻营的人有机可乘。让门庭清净一些，不招揽是非之人，这正是“居要津之位”“处权势之地”的官员们达到“门无杂宾”的好方法。

# 与佞者交　有害无益

【原文】

有挟术技以游者，彼皆借一艺以售其身[1]，渐与仕宦相亲密，而遂以乘机遘会[2]，其本念决不在专售其技也。挟术以游者，往往如此。故此辈之朴讷迂钝[3]者，犹当慎其晋接[4]。若狡黠便佞[5]，好生事端，踪迹诡秘者，以不识其人，不知其姓名为善。勿曰："我持正，彼安能惑我？我明察，彼不能蔽我！"恐久之自堕其术中，而不能出也。

【注释】

[1] 售其身：施展自己的本领以实现自己的目的。

[2] 遘（gòu）会：攀附，相遇聚合。

[3] 朴讷（nè）迂钝：朴拙木讷、迂直驽钝。

[4] 晋接：本谓人臣升进而蒙天子接见，此处意为交接、接触。

[5] 狡黠（xiá）便佞（pián nìng）：刁诈，巧言善辩，阿谀奉承。便佞：善于用花言巧语讨好的人。

【译文】

还有一些身怀技术手艺的游说客，他们都是凭借一技之长来施展自己的本领以实现自己的目的，逐渐和那些为官之人亲近，进而把握机会进行攀附，他们的本意绝对不是施展自己的技术手艺。那些身怀技术手艺的游说客，通常都是这样的。对于那些朴拙木讷、迂直驽钝之人，尚且要慎重地加以接触。若是巧言善辩、阿谀奉承、容易引起事故纠纷、行踪隐秘不定之人，要以不认识他，不知道他的名字为最佳。不要说："我行为端正，他们怎么能够迷惑我呢？我明察秋毫，他们不可能蒙蔽我！”恐怕时间一长自己就会落进他们的权术中，不能自拔了。

【品评】

社会上有这样一类人，他们有一技之长且技艺精湛，但可惜的是他们的一技之长并没有被继承和发扬，只是作为与权贵交往的敲门砖和垫脚石。孔子曰：“益者三友，损者三友。友直，友谅，友多闻，益矣。友便辟，友善柔，友便佞，损矣。”意思是说与正直、诚实、见识广博的人交往是有益的，而与阿谀奉承、花言巧语的人交游是有害的。

张英所讲的“挟术技以游者”，只是要通过自己的一技之长来结交权贵以达到阿谀奉承、攀附权贵的目的，他们用心不专，心术不正。无论他们表现为愚钝还是狡黠，为官之人都要远离为善，万不可轻信大意，以为自己“刀枪不入”“百毒不侵”，其奈何我，须知“蓬生麻中，不扶而直；白沙在涅，与之俱黑”。

# 为官之道　外圆内方

【原文】

权势之人，岂必与之相抗以取害？到难于相从[1]处，亦要内不失己，果谦和以谢之，宛转以避之，彼亦未必决能祸我。此亦命数宜然，又安知委曲从彼之祸，不更烈于此也？使我为州县官，决不用官银媚上官；安知用官银之祸，不甚于上官之失欢[2]也？

【注释】

[1] 相从：跟随。

[2] 失欢：失去欢心。

【译文】

对于有权有势的人，难道一定要和他们相抗衡以招致祸害吗？如果到了确实难以跟随他们的时候，也要做到不失本心，坚决且谦虚和蔼地加以谢绝，或婉转地加以回避，他们也未必会伤害到我。这也是命运应当如此，又怎么能知道委曲求全地顺从他们所造成的伤害，不会比这样的伤害更厉害呢？假使让我当州县的官吏，我绝对不会用官银来谄媚上级；怎么能知道用官银来谄媚上级的隐患，不会比失去上级的欢心所造成的祸害更为厉害呢？

【品评】

为官之道，当“外圆内方”。

所谓“外圆内方”，《现代汉语词典》解释为：比喻人外表随和，内心严正。圆不是指圆滑，而是圆通，是指为人处世的灵活性；方是指方正、刚直，是指为人处世的原则性。教育家黄炎培曾告诫儿子：“和若春风，肃若秋霜；取象于钱，外圆内方。”意思就是说做人要把原则性和灵活性结合起来，才能做好事、做成事。

云山僧舍图（汪琨）

有方无圆则太直，直而易折；有圆无方则阴柔，无筋骨，无气魄，易沦为下流。外圆内方，刚柔相济方为为官之道。宦海浮沉，道路凶险，有原则而不懂得变通，一遇不合就做金刚怒目式的抗争，则难免处处碰壁，终究无法施展满腹才华，故此可知，柔和顺从也是必不可少的润滑剂。相反，一味地圆滑、投机取巧、委曲求全，甚至通过不正当的手段来谄媚上级，天理昭昭，终究也不会有好下场。因此，张英认为为官需要“方”也需要“圆”，要刚也需柔。这也许是张英仕途畅达的秘诀和法宝。

# 养生篇

余尝观四时之旋运，寒暑之循环，生息之相因，无非圆转。人之一身，与天时相应，大约三四十以前是夏至前，凡事渐长；三四十以后是夏至后，凡事渐衰，中间无一刻停留。

## 生息相因　无非圆转

【原文】

余尝观四时之旋运[1]，寒暑之循环，生息之相因，无非圆转。人之一身，与天时相应，大约三四十以前是夏至前，凡事渐长；三四十以后是夏至后，凡事渐衰，中间无一刻停留。中间盛衰关头无一定时候，大概在三四十之间。观于须发可见：其衰缓者，其寿多；其衰急者，其寿寡。人身不能不衰，先从上而下者多寿，故古人以早脱顶为寿征；先从下而上者多不寿，故须发如故而脚软者难治。

【注释】

[1] 旋运：交替运行。

【译文】

我曾经观察春夏秋冬四时的交替运行，寒暑冷热的循环往复，生命繁衍的相依相承，无非是一个循环。人的身体，是与天时相对应的，大约人在三四十岁以前相当于夏至以前这一阶段，身体的各方面都在由弱而强；到了三四十岁以后相当于夏至以后的阶段了，身体的各方面都在渐渐衰退，在此中间没有一刻停留。至于中间这个由盛转衰的时机，是没有固定时间的，大概在三四十岁之间吧。观察人的胡须头发可以看出，那些衰老得比较迟缓的人，一般都比较长寿；那些快速衰老的人，一般都寿命短。人的身体是不可能不衰老的，身体的衰老由上而下的人，一般是长寿的人，故古人把头发过早地脱落看成长寿的征兆；身体的衰老由下而上的人，一般都是寿不高的人，所以胡须头发依旧，但双脚却没有力气的人是难以医治的。

【品评】

《大唐三藏圣教序》有云："四时无形，潜寒暑以化物。"张英认为：时光虽无形，但春夏秋冬，四季轮回，寒来暑往，犹如圆转，周而复始。

天地间有春夏秋冬，人生何尝不是如四季般地流转。自然万物春生、夏长、秋收、冬藏；人呱呱坠地，教育成长、成家立业以至逐渐衰老，生命结束。人与自然何其相似，古人讲道法自然，天道其实亦为人道。

"人身不能不衰"，其衰不过有缓急之别罢了。生命的衰老和死亡是无法抗拒的自然规律，只不过衰老的急缓，或夭或寿，如此而已。但数千年来，上至帝王，下至百姓，多少人前赴后继，苦心孤诣，炼丹药、求仙方，希望能够长生不老，但都在历史的长河中灰飞烟灭。因此，遵循自然法则，不妄想，无执念，并珍惜当下生活才是人生本义。

相较于天地万物，人只是个体生命，张英能够做到不急不躁，尽人事，听天命，彰显出通达平和之象，无乖戾之气，无偏执之狂，堪称古贤士大夫修身的典范。

松月鼓琴（潘振镛）

# 韫玉山辉　涵珠川媚

【原文】

古人读《文选》[1]而悟养生之理，得力于两句，曰："石韫玉而山辉，水涵珠而川媚。"[2]此真是至言[3]。尝见兰蕙芍药[4]之蒂间，必有露珠一点，若此一点为蚁虫所食，则花萎[5]矣。又见笋初出，当晓[6]则必有露珠数颗在其末，日出则露复敛[7]而归根，夕则复上。田间[8]有诗云"夕看露颗上稍[9]行"是也。若侵晓[10]入园，笋上无露珠，则不成竹，遂取而食之。稻上亦有露，夕现而朝敛。人之元气[11]，全在于此。故《文选》二语，不可不时时体察，得诀[12]固不在多也。

【注释】

[1]《文选》：又称《昭明文选》，是中国现存最早的一部古诗文总集，由南朝梁武帝的长子萧统组织文人共同编选。

[2]"石韫玉而山辉"二句：语出晋代文人陆机《文赋》，意谓石藏美玉，山必有光；水涵明珠，川则美好。陆机原文中"涵珠"作"怀珠"。

[3]至言：至切之言，至善之言。

[4]兰蕙（huì）芍药：指高贵的植物。兰、蕙、芍药三者皆为香草。

[5]萎（wěi）：衰败。

[6]当晓：正逢早晨。

[7]敛：收，聚。

[8]田间：钱澄之（1612—1693），明末桐城人，初名秉镫，字饮光，晚号"田间老人"。明末爱国志士、文学家，著有《田间易学》《田间诗学》《庄屈合诂》《藏山阁稿》《田间集》等书。

[9]稍（shāo）：禾的末梢。泛指禾谷。

[10] 侵晓：天渐明时；即侵早。

[11] 元气：人的精气。

[12] 得诀：获得要诀。诀，指养生之理。

【译文】

古人通过读《文选》而领悟了保养身体的道理，是得益于这两句话，即：石韫玉而山辉，水涵珠而川媚。这真是至切之言。我曾见到兰、蕙、芍药等高贵植物的花蒂之间，必定有一点露珠，如果这一点露珠被蚂蚁虫子吃掉了，那么花就会衰败。又看到竹笋刚刚破土而出的时候，正逢早上则必有几滴露珠在其末梢上，太阳出来后露珠就会再聚敛而回到根部，到了晚上则又会回到末梢上去。恰如明末文学家钱澄之所云“傍晚看露珠正朝树枝的顶尖上走”的情景。若在天渐明时进入园中，竹笋上没有露珠，那么就不能长成为竹，于是可以挖出来吃了。稻谷上也有露珠，傍晚显现而早晨收敛。人的精气，全都在这里了。故此，《文选》中的这两句话，不能不时时地体会观察，获得养生要诀不在于数量之多啊。

【品评】

陆机《文赋》有言：“石韫玉而山辉，水怀珠而川媚。”石藏美玉，山必有光；水涵明珠，川则美好。意思是说山因为有了美玉的存在而光彩照人，河流因为有了宝珠的存在而秀美可爱。作为万物灵长的人又凭借什么傲然世间，名流千古呢？那就是美德。

在张英看来，德为人生的“元气”，德有失、有亏，生命就失去了根基，黯然失色。譬如“兰蕙芍药之蒂间”的“露珠一点”，若为蚂蚁虫子吃掉，花朵就会凋谢。故人生通达首先要养“元气”。孟子说：“我善养吾浩然之气”，浩然正气充满胸襟，才会有大丈夫“富贵不能淫，贫贱不能移，威武不能屈”的人格操守。时刻保持着“恻隐之心”“羞恶之心”“辞让之心”“是非之心”，才会拥有君子的美德。

物，元气充沛则蓬勃生长；人，德行充沛则坦荡从容、为人敬仰。走好人生路本不需要太多秘诀，立德固本属第一。这也是张英将“石韫玉而山辉，水怀珠而川媚”视为至理名言的重要原因。

松下观泉图（陈少梅）

# 养身之道　要在六慎

【原文】

养身之道：一在谨嗜欲，一在慎饮食，一在慎忿怒，一在慎寒暑，一在慎思索，一在慎烦劳。有一于此，足以致病，以贻[1]父母之忧，安得[2]不时时谨凛[3]也！

【注释】

[1] 贻（yí）：遗留。

[2] 安得：怎么可以。

[3] 谨凛（lǐn）：敬慎小心。凛：通“懔”，敬畏之词。

【译文】

保养身体的原则，一是不要有过多的欲望，二是注意节制饮食，三是不要愤怒发火，四是注意冷暖寒热，五是不要思虑过度，六是不要过度烦躁和劳碌。如果有一点没有做到，都足以引发疾病，从而给父母带来忧虑，怎么可以不时时保持敬慎小心呢！

【品评】

养身之道，张英认为关键在于“六慎”，即谨嗜欲、慎饮食、慎忿怒、慎寒暑、慎思索、慎烦劳。这六个方面，只要有一点没有严格做到，就足以引来病灾。

防止纵欲。有人说人是欲望的动物，这固然不假。而欲望也是人生的发动机，保持合理的欲望，生活才能充满活力和朝气。但欲望过度，生活便入苦海，形体枯槁，精神萎靡，生命都难以为继，更何谈养身。

合理膳食。饮食习惯的养成、营养的搭配都要密切注意。俗话说“人是铁，饭是钢，一顿不吃心发慌”，民以食为天，合理的饮食是生命的保障，也是养身的基本要求。

调控情绪。做自己情绪的主人，戒怒，保持心情的通畅平和，“心宽体胖”是也。

慎寒暑。四季轮回，寒来暑往，过冷过热，对身体都有损害。炎夏，避暑，严冬取暖，对身体做好保护就是养身。

慎思索。这里不是不思索的意思，而是避免焦虑，惶惶不可终日，身体怎能长久，所以不要心劳力拙，而要心旷神怡。

慎烦劳。避免过多劳累，注意调节。一张一弛，文武之道，也是养身之道。

霜江独钓图（林琴南）

# 食忌过饱　食忌多品

【原文】

圃翁曰：古人以眠、食二者为养生之要务。脏腑肠胃，常令宽舒有余地，则真气得以流行而疾病少。吾乡吴友季善医，每赤日寒风[1]，行长安道上不倦。人问之，曰："予从不饱食，病安得入？"此食忌过饱之明征也。燔炙熬煎[2]香甘肥腻之物最悦口，而不宜于肠胃。彼肥腻易于粘滞，积久则腹痛气塞，寒暑偶侵，则疾作矣。放翁诗云："倩盼作妖狐未惨，肥甘藏毒鸩犹轻。"[3]此老知摄生[4]哉！

炊饭极软熟，鸡肉之类只淡煮，菜羹清芬鲜洁渥之[5]。食只八分饱，后饮六安苦茗一杯。若劳顿饥饿归，先饮醇醪[6]一二杯，以开胸胃。陶诗云："浊醪解劬饥"[7]，盖借之以开胃气也。如此，焉有不益人者乎？且食忌多品，一席之间，遍食水陆，浓淡杂进，自然损脾。予谓或鸡鱼凫豚[8]之类，只一二种饱食，良[9]为有益，此未尝闻之古昔，而以予意揣当如此。

【注释】

[1] 赤日寒风：指夏季极热和冬季极冷的天气。

[2] 燔（fán）炙熬煎：四种烹饪方法，皆以烈火加诸食物。

[3]"放翁诗"二句：语出南宋诗人陆游《剑南诗稿》卷四十三《养生》诗，与妖艳的美女相比，狐狸精的害人手段还不算毒虐；与肥美甘甜的食物相比，鸩酒所藏的毒害还算轻。

[4] 摄生：养生。

[5] 渥（wò）之：煮得浓浓的。

[6] 醇醪（chún láo）：浓烈的酒。

[7] 浊醪解劬（qú）饥：语出东晋诗人陶渊明《和刘柴桑》诗："春醪

解饥劬”，浓酒可以解除疲劳和饥饿。劬，过分劳苦。

[8] 凫豚（fú tún）：水鸭和小猪。

[9] 良：实在。

【译文】

圃翁说：古人把睡眠、进食当作养生中最为重要的两件事。时常让人的五脏六腑各个器官保持从容舒缓，那么人体的元气就能够通畅运转，进而疾病也就自然会减少。我的老乡吴友季擅长医术，经常在夏季极热和冬季极冷的天气下，在长安大道上来回行走，不知疲倦。有人问他为什么不惧烈日寒风，他回答说：“我从来不吃得过饱，身体怎么会得疾病呢？”这是一个忌讳进食过饱的明显征验。用烈火煎烤出来的食物香喷喷的、油腻腻的，吃起来最是味美适口，但最不利于肠胃消化。那些肥腻的食物容易积存在肠胃中，积存的时间长了就会感到气阻滞不畅、肚子痛，偶尔受凉或遇热，疾病就会发作。陆游有诗说：“与妖艳的美女相比，狐狸精的害人手段还不算毒虐；与肥美甘甜的食物相比，鸩酒所藏的毒害还算轻。”这位老先生真算得上是懂得保养身体的人啊！

做饭一定要特别软烂且熟，像鸡肉之类的食物，只适宜清淡的水煮，像疏菜羹汤之类一定要新鲜、洁净、有清香气并煮得浓浓的。进食只能吃八分饱，饭后要饮六安产的苦茶一杯。如若劳累疲倦又累又饿地回到家后，先喝一两杯味道浓烈的酒，用来打开胃气。陶渊明有诗说“浓酒可以解除疲劳和饥饿”，意思大概是通过饮浓酒来打开胃气。如此一来，怎么会对人没有好处呢？而且，进食切忌的是吃的种类太多，一顿饭，水里游的、陆上跑的、地里长的、都要吃个遍，不管食物的味道浓淡错杂食用，这样自然会损伤脾胃。我认为像水鸭和小猪之类，只挑选一到两种吃饱，实在是对身体很有裨益的，这种说法古人并没有谈到，只不过是我个人的揣摩测度罢了。

【品评】

张英提出了饮食养生的五点建议：

食忌过饱。唐代医药学家、药王孙思邈说："饱食过多，则结集聚。"集聚体内则不通畅，加重了肠胃负担，胃气无法流动，食物无法消化吸收，就会出现腹胀、打嗝等不良症状。张华在《博物志》里讲"太饱伤气"，民间也有谚曰："一顿省一口，活到九十九。"可见，进食适当、适量是养生的基本方法。

食忌多品。药王孙思邈也是一位老寿星，去世时享年 142 岁。他深谙养生之道，在其中医学著作《千金方》里谈到："食不欲杂，杂则或有所犯。"日常生活中，我们需要摄取多种食物，如谷类、肉类、水果、蔬菜等，从中获得全面均衡的营养。但若如张英所描绘的"一席之间，遍食水陆，浓淡并进"，就有可能出现食物与食物不相和，食物与肠胃不相和，进而损害人体的健康。

食忌肥腻。食物的选择不能只讲口感，还要考虑肠胃。每到夏日，路边的大排档成了许多人消夏的首选，其中烧烤和油炸食品受到不少人的喜爱。烧烤和油炸食品过于油腻，不易消化，长时间积累在胃部，就会导致体内气阻积滞。因此食肉不妨清淡些，也可以换种烹调方式，比如清炖、水煮。

饭后喝茶。现代科学证明，喝茶有很多好处，如醒脑提神、延缓衰老甚至预防癌症等。饭后喝茶是很多人的生活习惯，张英自己也"后饮六安苦茗一杯"，但饭后喝茶有利有弊，不能一概而论，饭后喝茶有清洁口腔、醒酒解油腻的功效，也有可能不利于食物消化。一般来讲，食物在体内消化时间大约为三十分钟，或者更长。因此饭后喝茶宜在半小时之后。

饥前饮酒。古人养生主张"先饥而食，先渴而饮"，意思是在饥饿到来之前就进食，口渴到来之前就喝水。我们都知道，饥渴之时最容易暴饮暴食，而暴饮暴食对身体有百害而无一利。"先饥而食，先渴而饮"是理想的饮食状态，但受制于现实情况，我们不可能天天都做到这样，那当饥饿状态已经出现了该怎么办呢？应该先饮一杯味道浓烈的美酒，待胃气打开，再慢慢进食。

## 安寝得时　人生最乐

【原文】

安寝，乃人生最乐。古人有言：“不觅仙方觅睡方”。冬夜以二鼓为度，暑月以一更为度。每笑人长夜酣饮不休，谓之消夜。夫人终日劳劳[1]，夜则宴息[2]，是极有味，何以消遣为？冬夏皆当以日出而起，于夏尤宜。天地清旭[3]之气，最为爽神，失之甚为可惜。予山居颇闲，暑月日出则起，收水草清香之味，莲方敛而未开，竹含露而犹滴，可谓至快！日长漏永[4]，不妨午睡数刻：焚香垂幕，净展桃笙[5]。睡足而起，神清气爽，真不啻天际真人[6]。况居家最宜早起。倘日高客至，僮则垢面，婢且蓬头，庭除[7]未扫，灶突犹寒[8]，大非雅事。昔何文端公[9]居京师，同年诣[10]之，日晏[11]未起，久之方出。客问曰：“尊夫人亦未起耶？”答曰：“然。”客曰：“日高如此，内外家长皆未起，一家奴仆，其为奸盗诈伪，何所不至耶？”公瞿然[12]，自此至老不晏起。此太守公亲为予言者。

【注释】

[1] 劳劳：辛劳。

[2] 宴息：安寝休息。

[3] 清旭：清朗的早晨。旭，日出光明的样子。

[4] 漏永：时间长，即日长之意。

[5] 净展桃笙（shēng）：打开清洁的寝席。桃笙，四川阆中万山中有桃笙竹，节高而皮软，杀其青可作簟，暑月寝之无汗，故人呼簟为桃笙。

[6] 天际真人：天上的仙人，极言其舒适与满足。

[7] 庭除：庭前阶下。

[8] 灶突犹寒：尚未生火煮饭。灶突，灶上烟囱。突，烟囱。

[9] 何文端公：即何如宠，明代桐城人，字康侯，号芝岳居士，谥文端。万历进士，官武英殿大学士。

[10] 诣：来访，登门。

[11] 日晏（yàn）：时候已晚。

[12] 瞿（jù）然：惊惧的样子。

【译文】

睡觉，乃是人生中最大的乐事。古人有云："不寻求成仙的方法而去寻找睡觉的秘方。"一般来说，冬季从二更天时睡觉最为合适，夏季则从一更天睡觉最为合适。每次都笑话有些人整晚上都在酣饮无休止，还美其名曰消遣夜间时光。人们在白天整日辛劳、疲劳困乏，到了晚上安寝休息，真是有滋有味，哪里用得着什么消遣排解？不管冬天还是夏天都应当在太阳升起时分起床，夏季尤为适宜。天地之间，清朗的早晨空气最使人心神爽快，错失了的话，真是可惜。我居住在山林间颇有闲暇，农历六月前后的小暑、大暑之时，太阳升起时分起床，呼吸水草散发出的清香气味，此时的莲花尚未绽放，青竹饱含着露水晶莹欲滴，真是最为惬意之事！如果白天的时间渐渐变长，不妨午睡一会儿，燃起熏香、放下床幔，打开清洁的寝席，准备睡觉。等睡醒以后，就会感到神清气爽，这时真的感到自己不亚于天上仙人。更何况平日居家起居，最适宜早些起床。假若太阳已经升得很高了，这时客人已经来到，仆人们脸未洗，奴婢们头不梳，庭前阶下没有打扫，尚未生火煮饭，实在是太不雅观。昔日明末一代名臣何如宠在京城居住的时候，和他科举考试中同科中第的朋友来登门拜访他，时候已经很晚而何如宠却未起床，等了很久才出了房门。朋友问道："贵夫人也没有起床吧？"何如宠回答说："是的。"朋友说："太阳都升起这么老高了，家里家外的一家之主都没有起床，家里的奴仆，通奸、盗窃、欺诈、诓骗，有什么不敢做的呢？"何如宠听后很是惊惧，从此以后一直到老都不再晚起床了。这是太守公大人姚文燮亲口告诉我的。

【品评】

张英认为“安寝，乃人生最乐”，并且形成了一套自己的作息规则。

按时休息。“日出而作，日落而息”是最符合人体机能的生活方式，白天劳作消耗了大量能量，非常疲劳，晚上通过睡眠来补充能量，消除疲劳；这是经过科学证明的人体运作的基本规律。彻夜的灯红酒绿、无休止的宴请侵占了现代人可怜的休息时间，一味地损耗而不知供给，长此以往身体岂能不出问题！张英认识到按时休息的重要性，指出冬夏都有固定的休息时间，但也有值得商榷的地方，比如冬天就寝的时间比夏天就寝的时间还要晚，这明显是一个误区。

夏季要午休。夏季昼长夜短，长时间的劳作人的身体无法承受，需要在中午休息一段时间来补充白天过多的消耗，因此睡午觉不仅必要，而且必须。现代人也充分认识到这一点，把中午和晚上的睡眠并称为“子午觉”。

早起好处多。早上一觉醒来，在清净的大自然中呼吸着新鲜空气，享受着鸟语花香，顿感神清气爽，故曰：“早睡早起身体好。”明清时期文人朱柏庐在其著作《治家格言》中说“黎明即起，洒扫庭除，要内外整洁。”天刚亮就要起床，清理庭院，做好内务，开始新一天的生活。曾国藩告诫子弟“晏起，为败家之凶德”“治家以不晏起为本”。早起不仅关系到个人的健康，更与治家密切相关。张英也赞成居家宜早起，日上三竿，家童奴婢蓬头垢面，庭院杂乱无章，来往客人无法招待，这绝非家族兴旺之象。一日之计在于晨，美好的生活应当从早起开始。

时代变迁，我们不能要求现代人完全按照古人的作息时间生活，但遵循身体的机能，按时作息应该成为我们的生活常识。

## 慈心于物　可以长龄

【原文】

圃翁曰：昔人论致寿之道有四，曰慈、曰俭、曰和、曰静。人能慈心于物，不为一切害人之事，即一言有损于人，亦不轻发。推之，戒杀生以惜物命，慎剪伐以养天和。无论冥报不爽[1]，即胸中一段吉祥恺悌[2]之气，自然灾沴[3]不干，而可以长龄矣。

【注释】

[1] 冥报不爽：死后相报毫无差错。

[2] 恺悌（kǎi tì）：和乐平易。

[3] 灾沴（lì）：因气不和而生的灾害。

【译文】

圃翁说：前人论说的获得长寿的方法有四个：这就是慈善、节俭、和顺、沉静。人们如果能够对任何事物都有慈善之心，就不会做任何有害于他人的事，即使一句有可能伤害他人的言论，也不轻易说出来。进一步推广开来，戒除杀生得以爱惜生命，谨慎砍伐得以涵养自然和气。不用说死后相报毫无差错，当下胸中就有一股吉祥、和乐平易的气息，这样因气不和而生的灾害就不会发生，从而就能够获得长寿了。

【品评】

古人认为：仁者寿。

“仁者寿”语出《论语·雍也》，是孔子的养生观。孔子认为仁即爱人，唐代文人韩愈进一步概括：“博爱之谓仁”，所以仁者爱人。从外部环境来看，《孟子·离娄下》有云："爱人者，人恒爱之"，人与人之间相亲相爱，仁者的人际关系处于和谐状态。从仁者自身角度讲，爱人者心地纯净宽广，能够撇开狭隘的私利，善待万物，没有自怨自艾的哀叹，自有"心地无私天地宽"的浩然正气。心情的饱满愉悦，给身体机能也能带来益处，因而身心健康。明代吕坤在《呻吟语》中说："仁者寿，生理完也。"讲的就是这个道理。

张英认为：人能带着慈心，不做害人之事，不说损人之话，并仁爱及物，胸中就会充满祥和之气，无忧无惧，故"可以长龄矣"。

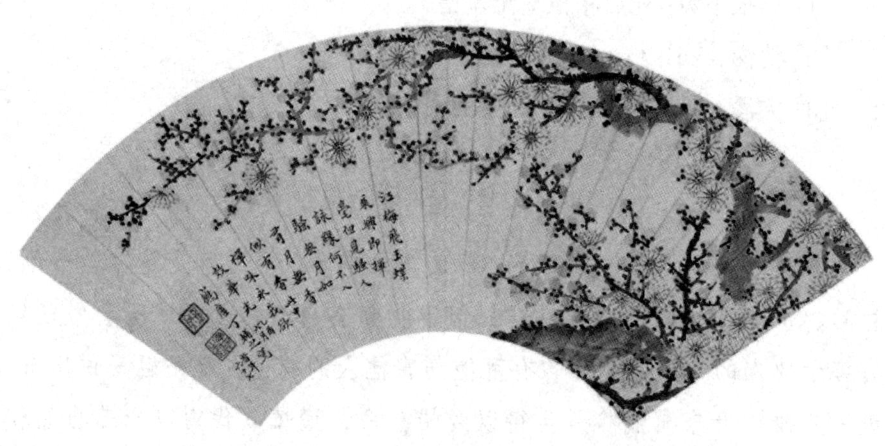

梅花图（丁辅之）

# 节俭者寿　节制者寿

【原文】

人生福享，皆有分数[1]。惜福之人，福尝有余；暴殄[2]之人，易至罄竭。故老氏以俭为宝。不止财用当俭而已，一切事常思俭啬[3]之义，方有余地。俭于饮食，可以养脾胃；俭于嗜欲[4]，可以聚精神；俭于言语，可以养气息非；俭于交游，可以择友寡过；俭于酬酢，可以养身息劳；俭于夜坐，可以安神舒体；俭于饮酒，可以清心养德；俭于思虑，可以蠲[5]烦去扰。凡事省得一分，即受一分之益。大约天下事，万不得已者，不过十之一二。初见以为不可已，细算之亦非万不可已。如此逐渐省去，但日见事之少。白香山诗云："我有一言君记取，世间自取苦人多。"[6]今试问劳扰烦苦之人，此事亦尽可已，果属万不可已者乎？当必恍然自失矣。

【注释】

[1] 分（fèn）数：一定之数，即天命、天数。

[2] 暴殄：不知爱惜物力。

[3] 俭啬（sè）：节省。啬，俭。

[4] 嗜欲：放纵耳、目、口、鼻等之所欲。

[5] 蠲（juān）：免除。

[6]"我有一言君记取"二句：我有一句话您要记住，世上辛劳勤苦的人大多是自讨苦吃，语出白居易《感兴二首》之二。

【译文】

人生在世所享受的福分，是有一定之数的。珍惜福分的人，福分就会有剩余；不知爱惜物力的人，福分极易空竭匮乏。故此老子以节俭为三宝之一。不只是财物的使用节俭而已，任何事情都要经常地思量节俭之理，方能留有余地。在饮食方面节制，可以保养脾胃；在放纵耳、目、口、鼻等之所欲等方面节制，可以凝聚精神、养精蓄锐；在语言方面节制，就可以保养元气、消除是非；在结交朋友方面节制，就可以谨慎择友、减少过错；在应酬方面节制，就可以保养身体、避免辛劳；在熬夜方面节制，就可以安定精神，舒缓身体；在饮酒方面节制，就可以心情恬静、修养德性；在思索考虑方面节制，就可以免除烦恼、解除忧愁。对于任何事情能够减免一分，便会受到这一分的好处。大概天下所有的事情，当真万不得已的，只有十分之一二。初看上去以为不可停止，但仔细推敲则并非绝对不可停止。如此一来逐渐地减免，那么就会看到事情在一天一天地减少。唐代诗人白居易在《感兴二首》中说："我有一句话您要记住它，世上辛劳勤苦的人大多是自讨苦吃。"试问现今那些劳苦扰乱烦躁苦闷的人，这些事尽可以停止了，果真属于绝对不能停止的吗？猛然醒悟后，好像失去了什么。

【品评】

张英提出：俭者寿。所谓"俭者寿"，有两层含义：

节俭者寿。节俭者懂得珍惜，珍惜外物也要珍惜自己。生命有时、福分有限，懂得惜福，方能福有余，寿有加；反之暴殄天物，奢侈无度，福穷寿折，一命呜呼。

节制者寿。节制饮食以养脾胃，节制欲望以养精神。体魄康健，精神充沛，长寿就会水到渠成。《中庸》说："喜怒哀乐未发谓之中，发而皆中节谓之和。"中节即节制，不过，也非不及，生命时刻处于圆润的状态，即"有度"的人生。生命如此圆满，岂能不长寿。老子在《道德经》里讲"吾有三宝：一曰慈，二曰俭，三曰不敢为天下先"，并说："俭，故能广。"俭者懂得节制，知道什么事情可以做，什么事情不可以做，从而积蓄力量，生命的广度和深度都有新的提升。

故曰：俭者寿。

# 人常和悦　必能长寿

【原文】

人常和悦，则心气冲[1]而五脏安，昔人所谓养欢喜神。真定[2]梁公[3]每语人：日间办理公事，每晚家居，必寻可喜笑之事，与客纵谈，掀髯[4]大笑，以发舒一日劳顿郁结[5]之气。此真得养生要诀。何文端公时，曾有乡人过百岁，公扣其术，答曰："予乡村人无所知，但一生只是喜欢，从不知忧恼。"噫！此岂名利中人所能哉？

【注释】

[1] 心气冲：心意平和。

[2] 真定：今河北省正定县。

[3] 梁公：即梁清标，直隶真定（今河北省正定县）人，字玉立，号棠村，明末清初著名藏书家、文学家。

[4] 掀髯（rán）：笑时启口张须的样子。髯，两腮的胡子，亦泛指胡子。

[5] 劳顿郁结：身体劳累疲倦，内心积聚抑郁不舒服。

【译文】

人能够经常平和愉悦，则心意平和且五脏安稳，这就是古人所讲的自寻开心的养生之法。直隶真定人梁清标经常对人讲：白天处理公务，每天晚上回到家里，必定找寻些可以高兴得笑出声来的事情，与客人尽情交谈，启口张须哈哈大笑，以发泄倾吐一天里身体的劳累疲倦和内心积聚的抑郁不舒服之气。这真是保养身体的要旨。明代文人何如宠在世的时候，曾经有一位老乡年过百岁，何如宠谦逊地问其秘诀所在，老人回答说："我一个乡下人什么也不知道，但一生之中只知道欢喜愉快，从来不知道什么叫忧愁和烦恼。”唉！这岂是被名声和利益所困扰的人所能做得到的呢？

【品评】

和者寿，心态平和、心情快乐者能得长寿。

叔本华认为：人生就是一场苦难。这固然是悲观主义者的论调，但人生不如意事十之八九也是生活常态。戚戚于贫贱，汲汲于富贵，心情七上八下，焦灼不定。《素问·举痛论》有云：“怒则气上，喜则气缓，悲则气消，恐则气下，惊则气乱，思则气结。”现代医学也证明恼怒伤肝，狂喜伤心，忧思伤脾，悲愁伤肺，恐惧伤肾，惊吓伤心胆。可见，平和的心态对我们的身体健康有多么重要！

仿袁安卧雪图（冯超然）

我国著名文学史家、教育家王瑶先生曾说过：“大环境改变不了，小环境自己把握。”我们改变不了生活，但我们可以调整生活的态度，始终保持平和的心态和快乐的心情；苦中作乐，乐以忘忧，以微笑的姿态面对生活。英国著名物理学家法拉第，年轻时工作紧张，情绪焦虑，导致身体虚弱，医生告诉他：“一个小丑进城，胜过一打医生。”于是他经常看一些滑稽的幽默剧，在快乐中逐渐改变了自己的身体状况。明末清初著名藏书家、文学家梁清标提出："每晚家居，必寻可喜笑之事，与客纵谈，掀髯大笑，以发舒一日劳顿郁结之气。"疲惫时，嬉笑是休息；悲伤时，笑容是阳光。由此可知，笑是一剂良药，可以解除沉重的思想负担和内心压力、调节情绪，从而延年益寿。

## 身不过劳　心不轻动

【原文】

传曰：“仁者静。”又曰：“知者动。”[1] 每见气躁之人，举动轻佻[2]，多不得寿。古人谓：“砚以世计，墨以时[3]计，笔以日计；动静之分也”。静之义有二：一则身不过劳，一则心不轻动。凡遇一切劳顿、忧惶、喜乐、恐惧之事，外则顺以应之，此心凝然不动，如澄潭、如古井，则志一动气[4]，外间之纷扰皆退听[5]矣。

【注释】

[1]“传曰”二句：智者之乐，就像流水一样；仁者之乐，就像大山一样；智者通达事理，反应敏捷而又思想活跃，性情好动就像水不停地流一样；仁者安于义理，仁慈宽容而不易冲动，性情好静就像山一样稳重不迁。源自于《论语·雍也》：“智者乐水，仁者乐山；智者动，仁者静；智者乐，仁者寿。”

[2] 轻佻（tiāo）：举止不庄重。

[3] 时：四时；即春、夏、秋、冬四季，亦即一年之意。

[4] 志一动气：心志凝住浮动之气。

[5] 退听：不听、不受，亦即不受影响之意。

【译文】

《论语·雍也》有云：“仁者不易冲动，性情好静就像山一样稳重不迁。”又云：“智者思想活跃，性情好动就像水不停地流一样。”我每次看到气盛烦躁的人，举止动作不庄重，大多都不能长寿。古人讲：“砚台的使用寿命是用世代来计算的，墨汁是用四时来计算的，毛笔是用天数来计算的；这就是动和静的区别。”静的含义有两种：一方面是讲身体不要过于劳累，另一方面是讲心灵不要轻易躁动。凡是遇到的一切诸如劳累辛苦、忧愁慌乱、欢乐喜悦、恐惧害怕之事，外表上服从应和，而内心则要安然不动，犹如水静而清的潭水，犹如古老的深井，心志凝住浮动之气，那么外部所有的打扰纷争都会不受影响。

【品评】

所谓“静者寿”，“身不过劳”“心不轻动”者能得长寿。

静者寿的第一层含义：身不过劳。所谓“静者寿”，并不否认运动，生命在于运动，适量的运动是健康长寿的必需品，张英只是强调身体不能过度劳累。现代社会，生活节奏加快，特别是白领阶层，加班已经成为常态，身体处于超负荷状态，过劳死也屡见报端。据媒体报道，我国每年过劳死人数为 60 万，已经超越日本成为过劳死第一大国。“砚以世计，墨以时计，笔以日计；动静之分也。”道法自然，张英从自然的生命轨迹中发现了生命长寿的密码。

静者寿的的第二层含义：心不轻动。心灵不能轻易地躁动。人生纷扰，世事难料，难免心浮气躁。《黄帝内经》讲：“静者神藏，躁则神亡。”躁则心情焦虑，行动不能沉稳，“多不得寿”。喧嚣的社会，我们应该多一点“结庐在人境，而无车马喧”的安静和恬淡。苏轼在《送参寥师》中云：“静故了群动，空故纳万境。”空静方能澄明，以澄明的心去认知世界是一种智慧。

张英主张“身不过劳”“心不轻动”，乃是养生的要诀。让我们谨记先贤的教诲，带着“静”意去做一个充满智慧的长寿之人。

## 慈俭和静　养生之理

【原文】

此四者于养生之理，极为切实，较之服药引导[1]，奚啻万倍哉！若服药，则物性易偏，或多燥滞[2]；引导吐纳[3]，则易至作辍。必以四者为根本，不可舍本而务末也。《道德经》[4]五千言，其要旨不外于此。铭之座右，时时体察，当有裨益耳。

【注释】

[1] 引导：即导引，为中国古代一种传统的强身除病的养生方法，相当于现代的气功和体育疗法。

[2] 燥滞：干燥停滞。

[3] 吐纳：气功中的炼气技法，吐纳即呼吸，口吐出恶浊之气，鼻吸入清新之气。

[4]《道德经》：亦名《老子》，春秋老聃撰，言道德之意，为道家基本经典，凡五千余言。

【译文】

以上所讲的慈、俭、和、静四个方面对于养生来讲，是最为切实可行的，相较于服药、导引等养生方法来讲，强过万倍！如果服用药物，则药物属性容易不全面，或多存在干燥停滞的现象；至于导引及口吐出恶浊之气、鼻吸入清新之气等养生之法，往往容易半途而废。必须以慈、俭、和、静作为养生的根本之法，不可以舍掉根本而去抓细微末节。老子所作的《道德经》有五千余言，其核心思想不外乎以上所讲的慈、俭、和、静四点。要把其当作座右铭放在手边，经常观察思考，应该会大有裨益。

溪山观瀑（倪墨畊）

【品评】

药疗不如食疗，食疗不如心疗，再好的药物治疗不如合理的膳食，再好的膳食不如拥有良好的心态。张英提出的“致寿之道”——慈、俭、和、静，其中的核心就是充满善心、爱意，保持良好的心态，属于纯粹的心疗。

《道德经》被誉为“万经之王”，主张道法自然、清静无为，充满着思辨的智慧。老子在《道德经》中说：“我有三宝，持而保之。一曰慈，二曰俭，三曰不敢为天下先”，强调“致虚极，守静笃”。张英认为：《道德经》的要旨就是慈、俭、和、静，可谓方家之言。

## 品茶之妙　可以终老

【原文】

圃翁曰：予少年嗜六安茶[1]，中年饮武夷[2]而甘，后乃知岕茶[3]之妙。此三种可以终老，其他不必问矣。岕茶如名士[4]，武夷如高士[5]，六安如野士[6]，皆可为岁寒之交[7]。六安尤养脾，食饱最宜，但鄙性好多饮茶，终日不离瓯[8]碗，为宜节约耳！

【注释】

[1] 六安茶：中华传统历史名茶，中国十大名茶之一，简称瓜片、片茶，产自安徽省六安市大别山一带；唐称“庐州六安茶”，为名茶；明始称“六安瓜片”，为上品、极品茶；清为朝廷贡茶。

[2] 武夷：即武夷岩茶，中国传统名茶，是具有岩韵（岩骨花香）品质特征的乌龙茶，产于福建闽北“秀甲东南”的武夷山一带，茶树生长在岩缝之中。武夷岩茶具有绿茶之清香，红茶之甘醇，是中国乌龙茶中之极品。

[3] 岕（jiè）茶：中国第一历史名茶，初现于明初，失传于清雍正年间，曾在宜兴种植，但制作工艺复杂，从而导致失传。

[4] 名士：名望高而未出仕的人。

[5] 高士：志趣、品行高尚的人。

[6] 野士：质朴之人。

[7] 岁寒之交：比喻品质高洁的人之间的友情。中国古人将象征常青不老的松、象征君子之道的竹、象征冰清玉洁的梅三种耐寒植物称为“岁寒三友”。

[8] 瓯（ōu）：盛茶或酒的杯子。

【译文】

圃翁说：我在年少的时候特别爱喝六安茶，中年的时候发现了武夷岩茶的甘醇，后来年老了才知晓岕茶的妙处。一生有这三种茶就够了，其他的可以不必管了。岕茶好比名望高而未出仕的人，武夷岩茶好比志趣、品行高尚的人，六安茶好比质朴的人，都是可以交往一辈子的“朋友”。六安茶尤其能滋养脾胃，吃饱饭后饮用最为适宜，但我生性喜欢喝很多的茶，一天到晚手不离茶杯，应当节约些了！

【品评】

饮茶对于中国人来讲不仅仅在于止渴、解油腻、清理肠道等功能性意义，还有着诗意和审美色彩。一杯香茗，茶叶在沸水中翻滚、舒展、舞动，尽显优美的身姿，伴随着淡淡清香，让人沉醉。于是，饮茶便脱离日常生活，成为了一种艺术，这便是艺术的生活或生活的艺术。陆游在《临安春雨初霁》中写道：“晴窗细乳戏分茶。”晴日窗前细细地煮水、沏茶、撇沫，试着品名茶。这是多么闲适恬静又充满诗意的境界！

张英嗜茶如命，“少年嗜六安茶”，“中年饮武夷”，老而知岕茶之妙，终生与茶为伴。品一壶香茶，感受一份淡定、从容、闲适与美好，沉浸其中，乐而不能自拔。一日不可无茶，用于茶的开销自然也是一笔不小的开支，以节俭为本色的张英不免戏谑自己要“为宜节约耳”。

# 品艺篇

学字当专一。择古人佳帖，或时人墨迹与己笔路相近者，专心学之。若朝更夕改，见异而迁，鲜有得成者。楷书如端坐，须庄严宽裕，而神彩自然掩映。若体格不匀净，而遽讲流动，失其本矣。

## 唐诗如缎　宋诗如纱

【原文】

圃翁曰：唐诗如缎如锦，质厚而体重，文丽而丝密[1]，温醇尔雅[2]，朝堂[3]之所服也。宋诗如纱如葛，轻疏纤朗[4]，便娟[5]适体，田野之所服也。中年作诗，断当宗[6]唐律；若老年吟咏，适意阑入于宋，势所必至。立意学宋，将来益流[7]而不可返矣。五律断无胜于唐人者，如王、孟[8]五言两句，便成一幅画。今试作五字，其写难言之景，尽难状之情，高妙自然，起结超远，能如唐人否？苏诗[9]五律不多见；陆诗[10]五律太率[11]，非其所长。参唐宋人气味，当于五律见之。

【注释】

[1] 文丽而丝密：纹彩华丽细致。

[2] 温醇尔雅：温和纯良，言近义正。尔，通“迩”，近。雅，正。

[3] 朝堂：本为古代君王及官吏办公处所，此处指正式场合。

[4] 轻疏纤朗：轻薄宽松纤细明亮。

[5] 便（pián）娟：美好的样子。

[6] 宗：尊奉。这里指以唐代律诗为范本。

[7] 益流：更无节制。流，无节制。

[8] 王、孟：即王维与孟浩然。王维，字摩诘，唐太原祁（今山西省祁县）人，以诗名盛于开元、天宝间；其书、画也取得了很高的成就。苏轼称他“诗中有画，画中有诗”。孟浩然，名浩，字浩然，唐襄州襄阳（今湖北襄阳）人，隐居鹿门山，其诗以五言为胜，风格明朗，语言清澈，与王维同为盛唐时期自然诗派的健将。

[9] 苏诗：即北宋苏轼的诗。苏轼，字子瞻，别号东坡居士，宋眉州

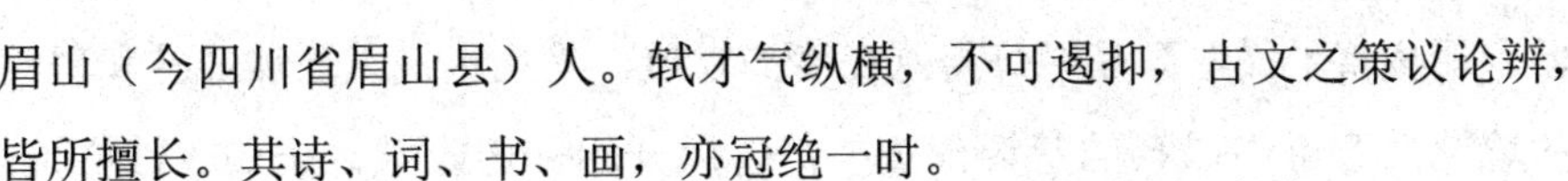

眉山（今四川省眉山县）人。轼才气纵横，不可遏抑，古文之策议论辨，皆所擅长。其诗、词、书、画，亦冠绝一时。

[10] 陆诗：即南宋陆游的诗。陆游，字务观，宋越州山阴（今浙江省绍兴县）人。仕途多蹇，每以言语见废。又不拘礼法，自号放翁。其诗、文、词俱工，尤长于诗，为南渡后大家之一。

[11] 太率：谓太多。率，草率。

【译文】

圃翁说：唐诗就好像绸缎丝锦，质地厚实而深沉凝重，纹彩华丽细致，温和纯良、言近义正，适合官宦贵族在正式场合穿。宋诗就好像是棉纱葛布，轻薄宽松纤细明亮，美好舒服，适合黎民百姓在平日里穿。人到中年想要作诗，必须以唐代律诗为范本；假若年纪大了想要吟诵诗歌，进入宋诗境地，那也是必然的了。如果立意要学宋诗，那么就会更无节制从而扭转不过来了。要说五言律诗，断然没有能比得过唐代诗人的，就像唐代的王维、孟浩然只用两句五言诗，就能构成一幅画。现今尝试作五个字，要写出难以用语言描绘的情景，难以说出口的情绪，还要求高妙自然，起始句高雅不俗，能够写出像唐人那样的诗句吗？北宋苏轼的五言律诗不多见到；南宋陆游的五言律诗又显得太草率，并不是他的长处所在。要想探究、领悟出唐人和宋人文体的差别，还是要从五言律诗中加以分辨。

【品评】

“文变染乎世情，兴废系乎时序”，时代和文学注定有着千丝万缕的联系，譬如建安风骨、正始之音。

有唐一代，国家统一，四海升平，国富兵强，展现出强大帝国开放、包容的心态。“治世之音安以乐”，唐诗充满着蓬勃的朝气，交织着鲜明的色调，回荡着青春的旋律，闪耀着积极的浪漫主义精神。林庚把这种风格称之为盛唐气象。有宋一朝，虽然始终处于割据状态，甚至一度偏安一隅，但宋朝藏富于民，商品经济得到高度的发展，文化也进入更加成熟和理性的境地。唐诗中昂扬的基调消沉了，诗风开始向内收敛，正如缪钺所说：“宋诗之情思深微而不壮阔，其气力收敛而不发扬，其声响不贵宏亮而贵清冷，其词句不尚蕃艳而尚朴澹，其美不在容光而在意态，其味不重肥醲而重隽永，此皆与其时代之心情相合，出于自然。”相比唐诗的少年精神，那么宋诗无疑充盈着中老年的情怀。所以张英讲唐诗“如缎如锦”“文丽而思密”、宋诗“如纱如葛”“便娟适体”，堪称会心之论。

基于对宋诗的审美判断和老年人普遍的心理状态，张英认为老年人写诗走向宋诗一途是势所使然。对于唐诗中的五律给出了“断无胜于唐人者”的高度评价。

坐听松风（钱慧安）

# 字字入妙　琴之三昧

【原文】

圃翁曰：昌黎[1]《听颖师琴》诗有云："呢呢儿女语，恩怨相尔汝。忽然势轩昂，猛士赴战场。"[2]又云："失势一落千丈强。"[3]欧阳公[4]以为琵琶诗。信然。予细味琴音，如微风入深松，寒泉滴幽涧，静永古澹[5]。其上下十三徽[6]，出入一弦至七弦，皆有次第。大约由缓而急，由大而细，极于和平，冲夷[7]为主，安有呢呢儿女，忽变为金戈铁马[8]之声？常建[9]《琴》诗："江上调[10]玉琴，一弦清一心。泠泠[11]七弦遍，万木沉秋阴。能令江月白，又令江水深。始知枯桐枝[12]，可以徽[13]黄金。"真可谓字字入妙，得琴之三昧[14]者。味此，则与昌黎之言迥别[15]矣。

【注释】

[1] 昌黎：韩愈，字退之，唐河南河阳（今河南省孟州市）人，郡望昌黎，后人因称"韩昌黎"。韩愈乃唐代有名思想家及古文作家，一生以发扬儒道、排斥佛老为己任，倡古文，苏轼称其"文起八代之衰，而道济天下之溺"，为唐宋古文八大家之首。其诗与孟郊齐名。诗中多有反应现实、抨击时弊及咏怀述志之作。

[2]"呢呢儿女语"四句：琴声轻柔细屑，仿如小情侣间亲密的耳语，偶而夹杂倾心相爱的嗔嗲责怪。忽然声势转变得昂扬激越，就像勇猛的将士，探戈跃马冲入敌阵。呢呢：用来形容言辞亲切。尔汝：犹言卿卿我我；对话时你来我去，不讲客套，是关系亲密的表现。轩昂：高举的样子。忽然势轩昂：本作"划然变轩昂"。猛士赴战场：本作"勇士赴敌场"。原题为《听颖师弹琴》。

[3]"失势一落千丈强"：音乐陡然下降，如一落千丈，飘然坠入深渊。

形容琴音骤降幅度之大，如权臣失势跌落千丈谷底般。强：有余。

[4] 欧阳公：即欧阳修，字永叔，晚号六一居士，宋吉州庐陵（今江西省吉安市）人，自号醉翁，为唐宋古文八大家之一。

[5] 静永古澹（dàn）：静默、深远、古雅、淡泊。

[6] 十三徽：古琴上用以标记音位的点，全弦凡十三处，曰十三徽。

[7] 冲夷：就是和平。

[8] 金戈铁马：谓兵事。

[9] 常建：唐代诗人，长安（今陕西省西安市）人，与王昌龄同榜登进士第，仕途颇不如意，遂放浪琴酒。后召王昌龄、张偾同隐。盛唐人对其诗评价颇高。上文所引诗，《全唐诗》卷一百四十四题作《江上琴兴》。第四句作“万木澄幽阴”、第五句作“能使江月白”。

[10] 调：调和音曲，即演奏。

[11] 泠泠（líng líng）：声音清澈洋溢。

[12] 枯桐枝：比喻不起眼的琴。古琴多为桐木所制，有人便以桐称呼琴。

[13] 徽：鼓琴循弦谓之徽。

[14] 三昧（mèi）：诀要；得其诀要者曰得其三昧。

[15] 迥（jiǒng）别：大不相同。

【译文】

圃翁说：韩愈在《听颖师弹琴》一诗中有这样的话：“琴声轻柔细屑，仿如小情侣间亲密的耳语，偶而夹杂倾心相爱的嗔嗲责怪。忽然声势转变得昂扬激越，就像勇猛的将士，探戈跃马冲入敌阵。”又有这样的话语：“音乐陡然下降，如一落千丈，飘然坠入深渊。”欧阳修先生认为这属于琵琶诗之类。确实如此。仔细品味琴的音色，就好像徐徐的微风吹进了远山，凉凉的泉水滴打着深涧一样，静谧安闲，古雅恬淡。琴面上十三徽，在一到七弦间穿梭布局，有条不紊，大体上排列为由慢到快，由高到低，但基本还是以平和缓慢为主。怎么会有亲亲密密

的儿女情长，忽然之间就变成了金戈铁马的战场之声呢？唐人常建也有一首咏琴的诗，诗中写道："在江岸上抚弄玉琴，一弦清静一颗心。清脆的七弦全抚遍，千木万树随声倒。能使江上明月亮，能使江里水幽深。因知枯桐焦尾琴，可使黄金响彻云。"这真可叫字字精妙，真正懂得了琴的诀要所在。体味这首诗，就知道了它和韩愈琴诗的大不相同。

【品评】

韩愈的《听颖师弹琴》被清代文人方扶南推许为"摹写声音至文"，但认真揣摩起来，就会发现有些文不对题。古琴属雅乐，音色轻微淡远，有幽远的意境；琵琶音质明亮而浑厚，正如白居易《琵琶行》中"大弦嘈嘈如急雨，小弦切切如私语，嘈嘈切切错杂弹，大珠小珠落玉盘"的响亮和"银瓶乍破水浆迸，铁骑突出刀枪鸣"的干脆。韩愈的琴声"忽然轩势昂，猛士赴战场""失势一落千丈强"，其风格显然属于琵琶而非古琴，难怪欧阳修也认为这是一首琵琶诗。

张英赞同欧阳修的见解，认为常建的"一弦清一心"才是古琴之当行本色。那么问题是韩愈为什么会出现这么明显的纰漏呢？是真如其诗中所说的"嗟余有两耳，未省听丝篁"，是不懂音乐，还是颖师技艺高超，别出心裁地演奏出琵琶的新声呢？有心的读者可以细细品味之。

## 琴音古澹　不在多也

【原文】

古来士大夫学琴，类不能学多操[1]。白香山止《秋思》[2]一曲，范文正公[3]止《履霜》[4]一曲，高人抚弦动操[5]，自有夷旷冲淡[6]之趣，不在多也。古人制琴一曲，调适宫商[7]，但传指法，后人强被[8]以语言文字，失之远矣。甚至俗谱用《大学》[9]及《归去来辞》[10]《赤壁赋》[11]，强配七弦，一字予以一音，且有以山歌小曲溷[12]之者。其为唐突[13]古乐甚矣，宜为雅人之所深戒也。

大抵琴音以古淡为宗，非在悦耳，心境微有不清，指下便尔荆棘[14]。清风明月之时，心无机事[15]，旷然[16]天真，时鼓一曲，不躁不懒[17]，则缓急轻重合宜，自然正音出于腕下，清兴[18]超于物表。放翁诗曰："琴到无人听处工。"[19]未深领斯妙者，自然闻古乐而欲卧，未足深论也。

【注释】

[1] 操：琴曲。

[2]《秋思》：秋日寂寞凄凉之情绪。此处为乐曲名，乃唐朝白居易中年所作。

[3] 范文正公：范仲淹，字希文，宋苏州吴县（今江苏省吴县）人，卒谥文正，公为尊称，北宋杰出的思想家、政治家、文学家。

[4] 履霜：指《履霜操》，乐府琴曲歌辞名，尹吉甫之子伯奇所作。范仲淹喜爱弹琴，但平日只弹"履霜"一操，所以又有"范履霜"之称。

[5] 抚弦动操：弹琴。

[6] 夷旷冲淡：平易开朗，谦虚淡泊。

[7] 宫商：五音中宫商二音，此处为音乐、音律之意。

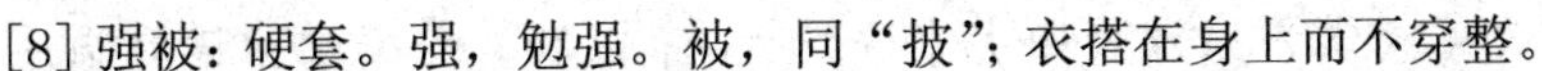

[8] 强被：硬套。强，勉强。被，同“披”；衣搭在身上而不穿整。

[9]《大学》：原是《小戴礼记》第四十二篇，相传为曾子所作，实为秦汉时儒家作品，是一部中国古代讨论教育理论的重要著作；经北宋程颢、程颐竭力尊崇，南宋朱熹又作《大学章句》，最终和《中庸》《论语》《孟子》并称“四书”。宋、元以后，《大学》成为学校官定的教科书和科举考试的必读书，对中国古代教育产生了极大的影响。

[10]《归去来辞》：东晋陶渊明的一篇著名的辞赋作品，作于作者辞官归田之初，是一篇述志的作品，文中着重表达了作者对黑暗官场的厌恶和鄙弃，赞美了农村的自然景物和劳动生活，也显示了归隐的决心。

[11]《赤壁赋》：北宋文学家苏轼创作的一篇赋，记叙了作者与朋友们月夜泛舟游赤壁的所见所感，反映了作者由月夜泛舟的舒畅，到怀古伤今的悲咽，再到精神解脱的达观。

[12] 溷（hùn）：肮脏，混浊，杂乱。

[13] 唐突：亵渎。

[14] 荆棘：本指梗阻之状；此处比喻纷乱的样子。

[15] 机事：机密巧诈之事。

[16] 旷然：旷达，豁达；自适其志，不拘束于俗务、俗见。

[17] 不躁不懒：不急不慢。

[18] 清兴：清雅之兴致。

[19]“琴到无人听处工”句：琴到了没有俗人喜欢听的时候才算精妙。陆游《明日复理梦中意作》原句为“诗到无人爱处工”。

【译文】

古往今来士人和官吏学习琴法，大都不能学太多琴曲。唐代诗人白居易只作《秋思》一曲。宋代文学家范仲淹只作有《履霜》一曲，高雅的人弹琴，自有其平易开朗、谦虚淡泊的趣味，并不在于弹奏的曲子之多。古人作一首琴曲，调试音律，只留传弹奏时手指动作的原则和方法，后人强硬地加以语言文字，离古人之意太远了。甚至有世俗之人为《大学》以及《归去来兮辞》《赤壁赋》等编配曲谱时强用七根弦配合，一个字配一个音，更有人将山歌民间俗曲杂入其中。这实在是对古乐的亵渎啊，文人雅士应当引以为戒。

大体上琴音是以古雅恬淡为宗旨，并非在于悦耳好听，抚琴时心情稍有不畅或有杂念，弹奏的指法便产生纷乱。风清月高之时，心中没有机密巧诈之事，不拘束于俗务俗见、单纯朴实之时，抚琴一曲不急不慢，其中的快慢节奏轻重缓急都适宜，纯正的清音理所当然地产生于正在弹琴的手腕之下，清雅之兴致超出世俗之外。南宋诗人陆游有诗说："琴［诗］到了没有俗人喜欢的时候才算精妙。"没有深刻领会其中奥妙的人，自然在倾听古乐时会厌倦欲睡，这不值得深加详论了。

【品评】

嵇康在《琴赋》中认为琴性洁净、恬淡，具有清和典雅的风格。唐代的白居易和宋代的范仲淹都是弹琴的好手，虽然弹奏曲目分别只有《秋思》和《履霜》，但却都弹奏出了琴音的冲淡平和之旨趣，可以称为琴艺界之高人。

《周易》讲："书不尽言，言不尽意。"不可否认，言语在表情达意上有自身的局限性，而音乐凭借节奏和旋律有更广阔的发挥空间，去表达文人雅士胸中的幽怀。所以古人制曲，调试宫商，单传指法，得意忘言。后人"强配七弦，一字予以一音"，琴曲一跃成为琴歌，乐曲本身的表现力受到了限制。中国古琴艺术的重要流派之一——虞山琴派的创始人严天池在《琴川谱汇序》中说："盖声音之道微妙圆通，本于文而不尽于文，声固精于文也。"对当时的滥制琴歌现象进行了批评。古人所编琴谱有曲无词，也是为了最大限度发挥古乐本身的表现力，后人不明就里强加文字，只能"唐突古乐甚矣"。

弹琴的要旨在静：一方面需要安静的环境；另一方面需要宁静的心境。《红楼梦》第86回中黛玉论琴时说："若要抚琴，必择静室高斋，或在层楼的上头，在林石的里面，或是山巅上，或是水涯上。再遇着那天地清和的时候，风清月朗，焚香静坐，心不外想，气血和平，才能与神合灵，与道合妙。”既要有“清风明月”，又要“心无机事”，方能奏出绝妙佳音。张英说琴音“非在悦耳”，进一步说就是悦心，非悦人心，而在悦己心。据说，陶渊明弹无弦琴，且曰：“但识琴中趣，何劳弦上声！”只要能体味琴中的趣味，何必一定要有琴音呢，高妙的弹琴之人追求的是与琴的对话和融合，而非借弹琴向世人倾诉，而是怡然自得的意境，这正是琴最深刻的内涵和文化品格，所以古人讲“琴到无人听处工”，这样的琴乐才是上品，才是经典。

**霸桥寻梅图（清·王震）**

## 古人诗文　寄托精神

【原文】

圃翁曰：人往往于古人片纸只字，珍如拱璧[1]；其好之者，索价千金。观其落笔神彩，洵[2]可宝矣。然自予观之，此特一时笔墨之趣所寄耳。

若古人终身精神识见，尽在其文集中，乃其呕心刿肺[3]而出之者。如白香山、苏长公[4]之诗数千首，陆放翁之诗八十五卷。其人自少至老，仕宦之所历，游迹之所至，悲喜之情，怫愉[5]之色，以至言貌謦欬[6]，饮食起居，交游酬酢，无一不寓其中。较之偶尔落笔，其可宝不且万倍哉！予怪世人于古人诗文集不知爱，而宝其片纸只字，为大惑也。

【注释】

[1] 拱璧：用双手合抱的大璧，比喻极其珍贵之物。拱，两手合围。

[2] 洵：实在、真的。

[3] 呕心刿（guì）肺：形容构思诗文时费尽心思，劳心苦虑。刿，伤。

[4] 苏长公：即苏轼。苏轼本非长子，其兄于三岁时夭折，后人称他为长公，纯属敬称。

[5] 怫（fú）愉：抑郁和欢乐。

[6] 謦欬（qǐng kài）：原指咳嗽声，此处比喻谈笑。謦，低声。

【译文】

圃翁说：人们往往将古人零碎的文字材料，当作极其珍贵之物来看待；对于喜好这些的人，卖主便索要千金的高价。仔细观其下笔书写之神韵神采，真的可称之为宝贝啊。但在我看来，这只不过是一时兴之所至而挥毫泼墨的结果。

若要了解古人一生的精神和见识，都在他们自己所写的文集中，那是他们费尽心思，劳心苦虑地构思所写成的成果啊。如白居易、苏轼的数千首诗作，陆游的《剑南诗稿》八十五卷。他们由年少到年老，入仕做官的经历，游历所到的足迹，悲愤欣喜的感情，抑郁和欢乐的神色，乃至于谈笑中的言语容貌，日常生活中的饮食起居，结交朋友交际应酬，全都寄托在其中。相较于一时兴之所至而挥毫泼墨留下的片纸只字，这些文集要珍贵几万倍啊！世间的人们对于古人的诗集文集不知道珍爱，而珍视古人那些零碎的文字材料，我对此感到大惑不解。

【品评】

先秦散文、汉赋、唐诗、宋词、元曲、明清小说，一时代有一时代之文学，我们耳熟能详。但中国文学传统历来以诗文为正宗；词为艳科，有诗余之称，其地位可见一斑；元曲和小说流行于勾栏瓦肆、街谈巷尾，不登大雅之堂。《四库全书》是我国最大的一部丛书，分经、史、子、集四部分，其中集部专门收录诗文词总集和专集等，而白话长篇小说、戏曲都不收入，词虽收录，但零零落落，不过点缀。

无论官府还是个人，在传统主流观念当中，诗文的地位是其他文体无法比拟的，并且诗文的作用一再被后代的读书人所发挥和提高。孔子说："《诗》可以兴，可以观，可以群，可以怨；迩之事父，远之事君；多识于鸟兽草木之名。"曹丕《典论·论文》提出："盖文章者，经国之大业，不朽之盛事。"韩愈倡导"文以载道"。古人重视诗文，在创作上亦涌现出很多佳作。杜甫的诗歌既是诗人忧国忧民情怀的寄托，又反映出当时的社会现实，其诗作有"诗史"之美誉；柳宗元的散文蕴含着其雅致的情怀，更是他人生的写照。诗文里蕴含着诗人最真实的情怀以及一生的精神和见识，读之亦能感受到诗人的情怀与见识。

张英对诗文的认知是对传统文人诗文观的继承，即诗文在一切艺术形式当中处于核心地位。当张英看到世人对于"古人片纸只字"而"珍如拱璧"，却"于古人诗文集不知爱"的时候，不免发出"大惑也"之感慨！

## 作楷书者　端庄自然

【原文】

楷书如坐如立，行书如行，草书如奔。人之形貌虽不同，然未有倾斜跛侧为佳者。故作楷书，以端庄严肃为尚；然须去矜束拘迫之态，而有雍容[1]和愉之象。斯晋书之所独擅也。分行布白[2]，取乎匀净；然亦以自然为妙。

【注释】

[1] 雍容：有威仪。

[2] 布白：布局留白。

【译文】

楷书形体方正，笔画平直就像人端坐或直立；行书字形具有动势，就像人在行走；草书笔势牵连相通，就像人在奔跑。人的形体相貌虽然各有不同，但没有人认为身子歪斜、一瘸一拐是最佳的形象。因此，写楷书时，要以端庄严肃为最佳；但必须去除拘谨促迫的形态，而要有雍容大方、气势舒畅的形体。这是晋代书法独有之处。布局留白，要做到匀称洁净，但也要以自然大方为佳。

【品评】

楷书，《辞海》称其“形体方正，笔画平直，可作楷模”。楷书讲究规范、中正、精准。所以，学习楷书要有一丝不苟的工匠精神，正如唐代书法家孙过庭所说：“察之者尚精，拟之者贵似。”要描摹出其“端正严肃”之风范。

然而，如果学习书法只是一板一眼、亦步亦趋，就会出现缺少变化、千篇一律、千人一面的现象，就会有“矜束拘迫之态”，学习楷书也就走进了死胡同。因此，学习楷书的第二重境界就是遵守规则却能够超越规则，做到“羚羊挂角，无迹可寻”，却意境超脱。行笔之处如涓涓流水、朵朵白云，给人自然灵动之感，呈现出气韵生动的蓬勃气象。

红梅 立轴（徐悲鸿）

两晋时期的书法是中国书法史上的高峰，楷书、隶书、草书都取得了很高的成就，出现了以王羲之父子为代表的大书法家。王羲之的小楷代表作《乐毅论》用笔劲道，疏落有致，王献之在其父亲的基础上，写出了圆润洒脱的《洛神赋十三行》。张英认为晋代楷书无呆滞之感，而“有雍容和愉之象”，实为书法之典范。

## 名家法帖　学者当参

【原文】

《乐毅论》[1]如端人雅士[2]，《黄庭经》[3]如碧落[4]仙人，《东方朔像赞》[5]如古贤前哲，《曹娥碑》[6]有孝女婉顺之容，《洛神赋》[7]有淑姿纤丽之态。盖各象其文，以为体要，有骨有肉。一行之间，自相顾盼，如树木之枝叶扶疏，而彼此相让；如流水之沦漪[8]杂见，而先后相承。未有偏斜倾侧，各不相顾，绝无神彩步伍[9]，连络映带[10]，而可称佳书者。细玩《兰亭》[11]，委蛇[12]生动，千古如新；董文敏[13]书，大小疏密，于寻行数墨[14]之际最有趣致。学者当于此参之。

【注释】

[1]《乐毅论》：三国魏夏侯玄作；小楷法帖，晋王羲之书。

[2] 端人雅士：正人君子。

[3]《黄庭经》：道教经名，讲道家养生修炼之道，称脾脏为中央黄庭，于五脏中特重脾土，故名《黄庭经》；小楷法帖，相传为王羲之所书。

[4] 碧落：天空。白居易《长恨歌》中有“上穷碧落下黄泉，两处茫茫皆不见”句。

[5]《东方朔像赞》：又名《东方朔画像赞》。法帖，唐颜真卿楷书；一说晋王羲之书。东方朔，西汉武帝时人，字曼倩，长于文辞，喜诙谐滑稽；像赞，画像上的赞语。

[6]《曹娥碑》：原为东汉上虞县令度尚，为孝女曹娥写的诔词，称《度尚曹娥诔词》，简称《曹娥诔词》。法帖，亦王羲之书。

[7]《洛神赋》：曹植作。小楷法帖，有晋王献之书十三行残本与元赵孟頫书两种。

[8] 沦漪（yī）：水之波纹。

[9] 神彩步伍：跟随他人的神韵色彩。

[10] 连络映带：拖泥带水之意。

[11]《兰亭》：即《兰亭集序》，晋王羲之所书之诗序，凡二十八行，三二四字；有重者皆构别体，遒媚劲健，历代所无。

[12] 委蛇（wēi yí）：蜿曲的样子。

[13] 董文敏：董其昌，字符宰，明华亭人，卒谥文敏。此人诗文俱佳，书法卓然成家。

[14] 寻行数墨：探求字里行间的书写与布局。寻，探索。数，计算。

【译文】

书法中《乐毅论》写得就像端庄矜持的文人雅士，《黄庭经》写得就像飘飘欲仙的飞逸仙人，《东方朔像赞》写得就像古代的圣贤哲人，《曹娥碑》帖具有孝女婉顺柔弱的容貌，《洛神赋》帖具有少妇纤纤丽姿的神态。大体上各自都契合自己的文体，被认为是最贴切内容，有骨有肉的书法了。一行之间，会相互前后左右照应，就好像树木的枝叶繁茂错落，但又彼此相隔有一定的距离；就好像流动的水波荡荡漾漾，但又前后绵延不断。从未听说过那些偏斜倾侧、各不相顾的书法，既未继承前人神韵又缺乏彼此照应，还能被称为书法佳品。仔细玩味体会《兰亭序》帖，委婉邈远，生动灵巧，即使过去一千年，也如昨天刚刚写就的一样新鲜。董其昌的书法，其大小疏密得当，在寻找它的行数和字墨时，是最具情致的事情，学者应当以此作为参照。

【品评】

《乐毅论》《黄庭经》《东方朔像赞》《曹娥碑》《洛神赋》等都是中国书法史上的名家名作，他们有楷书，有行书，各有千秋，但都能曲尽其妙，尽得楷行之真谛。风格上呈现出骨肉均匀、富有精神、疏密相间、错落有致、前后相连、顾盼生辉的特点，是书法作品中的上等佳作。相反，那些虽整齐划一，但刻板凝滞、了无生气的作品都不能称为好书法。

《兰亭集序》被宋代米芾称为“天下行书第一”，深得后人喜爱，南朝宋刘义庆目为“飘如游云，矫若惊龙”。据传，唐太宗十分珍爱《兰亭集序》，死时将其陪葬在昭陵。张英评价《兰亭集序》“委蛇生动，千古如新”，委蛇，自然之貌也，运笔常行于所当行，止于不可不止，文理自然，气韵生动，生机勃勃，故能千古如新。

张英认为明代书法家董其昌的书法作品“大小疏密”“最有趣致”，古人书法很讲究疏密，有“疏可走马，密不透风”之说，字体有大小参差变化、布局有疏密之分，章法错落有致，才会呈现出矛盾和谐统一之美。董其昌的实践创作注重章法，他的理论批评同样注重章法，在《画禅室随笔》中曾说：“古人论书，以章法为一大事。盖所谓行间茂密是也。……右军《兰亭叙》章法，为古今第一。其字皆映带而生，或小或大，随手所如，皆人法，则所以为神品也。”可见，书法作品有章法结构、有疏密变化，才会有美感，有趣味。

## 学字专一　不可间断

【原文】

学字当专一。择古人佳帖或时人墨迹与己笔路相近者，专心学之。若朝更夕改，见异而迁，鲜有得成者。楷书如端坐，须庄严宽裕，而神彩自然掩映[1]。若体格不匀净[2]，而遽讲[3]流动，失其本矣。

汝小字可学《乐毅论》。前见所写《乐志论》[4]，大有进步，今当一心临仿之。每日明窗净几，笔精墨良，以白奏本纸[5]临四五百字。亦不须太多，但工夫不可间断。纸画乌丝格[6]，古人最重分行布白，故以整齐匀净为要。学字忌飞动草率，大小不匀，而妄言奇古磊落[7]，终无进步矣。

【注释】

[1] 掩映：隐约映照，即逐渐显现之意。

[2] 体格不匀净：格式不够整齐干净。

[3] 遽（jù）讲：急迫讲求。

[4]《乐志论》：东汉末年的哲学家仲长统所作之文，此处指南宋末至元初著名书法家赵孟頫的行书书法作品。

[5] 奏本纸：臣民具疏上奏朝廷时所用的纸。

[6] 乌丝格：用墨线在纸上画出的格子。

[7] 奇古磊落：奇特古朴，错落分明。

【译文】

学习书法一定要专心致志、一心一意。选择古人比较好的字帖，或者与自己笔法相近的同时代之人的字画真迹，加以专心学习。假若经常改变，意志不坚定、喜爱不专一，是很难有所成就的。楷书字体端正如同人端直而坐，必须端庄而有威严、宽松富裕，神采自然逐渐显现。若格式不够整齐干净，而急迫讲求流利通畅，就失去其原有的本质了。

你写楷体字可以效法“书圣”王羲之所写的书法作品《乐毅论》。之前看到你效法书法家赵孟頫所写的《乐志论》，有很大的进步，今后应当一心一意加以效法。每天都要室内明亮整洁，笔和墨都要精致优良，用臣民具疏上奏朝廷时所用的纸，临摹四五百字就可以了，也不必要太多，但是临摹工夫不能中断。在纸上用墨线画出格子，古人最重视安排字体点画和布置字、行之间关系的方法了，因此要以整齐匀称干净利落为要旨。学习书法最忌讳的就是飘逸飞动、粗略不细致，字体大小不匀称，而又胡说这是什么奇特古朴、错落分明，这样做终究是不会取得进步的。

【品评】

习字贵专。明代思想家王阳明说：“学贵专”，学习贵在专一、专心。孟子有云：“不专心致志，则不得也。”《孟子·告子》篇中通过弈秋教两个人学下棋的事，说明了学习应专心致志，决不可三心二意的道理：弈秋教二人学下棋，一人专心致志，一人心猿意马，虽智力相同，技艺却大相径庭，实在令人深思。

学习书法更是如此，没有专一的精神，今天效法王羲之，明天效法怀素，“朝更夕改，见异而迁，鲜有得成者”。荀子《劝学篇》讲：“蚓无爪牙之利，筋骨之强，上食埃土，下饮黄泉，用心一也。蟹六跪而二螯，非蛇鳝之穴无可寄托者，用心躁也。”通过正反两方面的例证，再一次告诉我们“学贵专”。

习字贵恒。学习是一个循序渐进的过程，日积月累，才能登堂入室，因而恒心就显得尤为可贵，三天打鱼两天晒网，一曝十寒，终会一事无成。我们中国有个成语叫“水滴石穿”，柔弱的水珠为什么能砸穿坚硬的岩石，无外乎两个条件：第一，选准方向，瞄准目标；第二，坚持不懈，日积月累。其实这两个条件讲的就是专心和恒心。

关于习字的具体笔画、章法方面，张英认为楷书端庄大方，法度谨言，讲究布白，以整齐匀称为要，学习者切忌潦草马虎、字体大小不均，若妄谈“奇特磊落”，则很难有所进步。

**数声渔笛在沧浪**（贺天健）

## 专习一家　必有长进

【原文】

行书亦宜专心一家。赵松雪[1]佩玉垂绅[2]，丰神清贵，而其原本则出于《圣教序》[3]《兰亭》，犹见晋人风度，不可訾议[4]之也。汝作联字[5]，亦颇有丰秀之致。今专学松雪，亦可望其有进，但不可任意变迁耳。

【注释】

[1] 赵松雪：赵孟頫，字子昂，号松雪道人，南宋末至元初著名书法家、画家、诗人，博学多才，能诗善文，尤其以书法和绘画成就最高；在书法方面，赵孟頫擅长篆、隶、真、行、草书，尤以楷、行书著称于世，其书风遒媚、秀逸，结体严整、笔法圆熟。

[2] 佩玉垂绅：原是为官者的装饰；此处形容赵松雪书法的高贵庄重。

[3]《圣教序》：即《大唐三藏圣教序》，为太宗述玄奘法师至西域求经之事，末附玄奘所译心经；最早由唐初四大书法家之一的褚遂良所书，称为《雁塔圣教序》，后由沙门怀仁从王羲之书法中集字，刻制成碑文，称《唐集右军圣教序并记》或《怀仁集王羲之书圣教序》。

[4] 訾（zǐ）议：非议、批评。

[5] 联字：楹联，对联。

【译文】

学习行书的书写法则也应该专心学习一位书法家。赵孟頫的书法高贵庄重，风貌清高显要，其书法的书写法则源自晋代书法家王羲之的《圣教序》和《兰亭集序》，仍然依稀可见晋代文人诗文书画的风致神韵，不可加以非议批评。你所写的楹联，也颇具丰满幽雅的韵味。如今专

门学习赵孟𫖯的书法，也是希望你能有所进步，但不要随意变换啊。

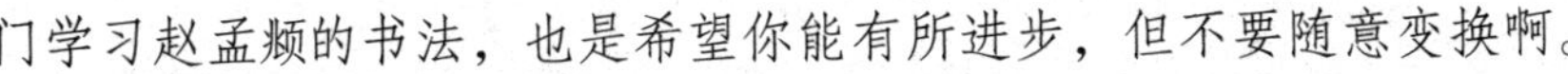

【品评】

晋代的王羲之是大书法家，有“书圣”之美誉，他所写的《兰亭序》被誉为“天下第一行书”。南宋末至元初的赵孟𫖯是书法全才，擅长篆、隶、真、行、草书，造诣颇深，尤以楷、行书著称于世，深得“书圣”的情趣和风采，他临摹的《兰亭序》被公认为所有摹本中最好的；也有人说能把王羲之的书法演绎得惟妙惟肖的只有两人，一个是“书圣”王羲之的七世孙、南朝的智永和尚，另一个就是赵孟𫖯。张英认为赵孟𫖯的行书“佩玉垂绅，丰神清贵”，“犹见晋人风度”，与王羲之的行书一脉相承，二者是流与源的关系，后人的研究也表明张英的表述确为方家之言。

张英肯定了后辈人练字的进步，但最重要的还是告诫子孙：无论学习楷书，还是行书，都要贵专，“不可任意变迁”，专门学习赵孟𫖯的书法，就要深入钻研，以工匠精神精心打磨，假以时日，一定会有长进。

# 怡情篇

山色朝暮之变，无如春深秋晚。四月则有新绿，其浅深浓淡，早晚便不同。九月则有黄叶，其赭黄茜紫，或映朝阳，或回夕照，或当风而吟，或当霜而殷，皆可谓佳胜之极。

# 人有嗜好　方有寄托

【原文】

圃翁曰：人生不能无所适[1]以寄其意。予无嗜好，惟酷好看山种树。昔王右军[2]亦云："吾笃嗜[3]种果，此中有至乐存焉。"手种之树，开一花结一实，玩之偏爱，食之益甘。此亦人情也。

阳和里五亩园，虽不广，倘所谓"有水一池，有竹千竿"[4]者耶！花十有二种，每种得十余本[5]，循环玩赏，可以终老。

【注释】

[1] 无所适：没有安适自得之处。适，安适，自得。

[2] 王右军：王羲之，东晋时期著名书法家，有"书圣"之称，官右军将军，世称王右军。

[3] 笃（dǔ）嗜：非常喜好。笃，厚，专心致志。

[4] 有水一池，有竹千竿：语出白居易《池上篇》。园中有一方水池，种植着千万竿翠竹。

[5] 本：草本植物一株曰一本。

【译文】

圃翁说：人生在世不能没有安适自得之处以寄托心思意志。我没有什么特别爱好，只是非常爱好观察山来种树罢了。昔日东晋时期著名书法家王羲之曾说过："我非常喜好种植果树，其中蕴含着不可言状的乐趣。"亲手种植的树木，每开一朵花结一个果，拿在手上玩味都格外喜爱，吃进嘴里都格外香甜。这也是人之常情所致。

阳和里有五亩园林，虽然不广阔，却有如白居易《池上篇》所描写

“园中有一方水池，种植着千万竿翠竹”之景致！园中有十二种花卉，每一种有十多株，可以一直循环往复地观赏玩味，能够终养天年。

【品评】

唐代诗人李白在《春夜宴桃李园序》中有云：“天地者，万物之逆旅；光阴者，百代之过客。”如哲学般思索拷问着人生的意义。唐代诗人杜甫在《旅夜书怀》中有云：“飘飘何所似，天地一沙鸥。”其中蕴含着的空虚感、孤独感总是不经意间与生命相遇。漫漫人生，是一场无尽的修行，每个人都需要一方园地用以安顿寂寞的灵魂。

曹雪芹创作《红楼梦》，批阅十载，增删五次，书写着家族的起伏悲欢，同时也展示着封建王朝的盛衰变化。“都云作者痴，谁解其中味”，作者是痴情的，而没有《红楼梦》，作者一腔郁积的情怀又将如何予以抒发呢？所以，《红楼梦》也是曹雪芹的精神园地。

张英流连于故乡的山水之中、流连于龙眠山的怀抱里，“看山种树”是他的至乐。田园之间，感受万物的生命律动，体会春种秋收的喜悦，心灵诗意地栖息于大地，收获人生的自由与解放。

人生需要这样的园地，生命才会充满趣味，才会丰盈、丰富多彩。

## 山水田园　阅耕最乐

【原文】

城中地隘，不能多植，然在居室之西数武[1]，花晨月夕，不须肩舆策蹇[2]，自朝至夜分[3]，可以酣赏饱看。一花一草，自始开至零落，无不穷极其趣，则一株可抵十株，一亩可敌十亩。

山中向营赐金园，今购芙蓉岛，皆以田为本，于隙地疏池种树，不废耕耘。阅耕[4]是人生最乐。古人所云“躬耕”，亦止是课仆督农[5]，亦不在沾体涂足[6]也。

【注释】

[1] 武：半步为武。

[2] 肩舆（yú）策蹇（jiǎn）：乘轿骑马。肩舆，一种陆行乘用之器，以竹木等制成箱形，内可坐人，外以两杆架之，两端用两人或四人肩之行走。策蹇，赶马。

[3] 夜分：半夜之时。

[4] 阅耕：观察农事。阅，看。

[5] 课仆督农：考核监督仆役雇农。

[6] 沾体涂足：身体手脚沾惹田中泥土。

【译文】

城中的地方狭窄，不能过多种植花草，而在居室的西边几步远的地方，清晨欣赏花草晚间观赏明月，不需要乘轿骑马，从早上一直到半夜之时，都可以尽情观赏。一朵花一株草，从开始绽放到凋零衰败，无不有着无穷无尽的乐趣，所以说一株可以抵上十株，一亩可以胜过十亩。

我在山中经营着一个叫赐金园的庄园，现今又买下了一个叫芙蓉岛的地方，都是以农事为根本；在空隙地带疏凿池塘、栽种树木，这样就不会废弃耕田了。观察农事是人生中最快乐之事。古人所说的“亲自耕作”，也只不过是考核监督仆役雇农罢了，实际是不会让身体手脚沾惹田中泥土的。

【品评】

张英热爱自然山水，缱绻于花草树木，不为稻粱谋，生活自有一番情趣在。

城中家居，地方狭小，然寥寥数株，花开花落间，细细品味之，亦能穷尽其趣。山中有更广阔的天地，经营赐金园，购置芙蓉岛，田树交织，不废耕耘，真乃人间桃花源。张英将自己的生活充分地艺术化了，充满着诗意和趣味。正如周作人在《北京的茶食》里写道：“我们于日用必需的东西以外，必须还有一点无用的游戏与享乐，生活才觉得有意思。我们看夕阳，看秋河，看花，听雨，闻香，喝不求解渴的酒，吃不求饱的点心，都是生活上必要的——虽然是无用的装点，而且是愈精炼愈好。”

松下听韵（陈少梅）

看山种树，无关乎生计，却怡情养性，滋润心灵，看似无用却有大用存焉。古人曾说："不为无益之事，何以遣有涯之生。"人活着，需要给心灵安个家。看山种树就是张英的精神园地，使得心灵洁净、生命从容。我们可能无法像张英那样买田种树，但在案头边、书桌旁放置一盆兰草或几株文竹，细细体味之，同样是"一花一世界，一叶一菩提"。

# 居于山林　最宜小楼

【原文】

圃翁曰：山居宜小楼，可以收揽[1]群峰众壑之势。竹杪松梢[2]，更有奇趣。予拟于芙蓉岛南向构[3]一小楼，题曰“千崖万壑之楼”。大溪环抱，群岫[4]耸峙，可谓快矣。筑小斋三楹[5]，曰“佳梦轩”。夫人生如梦，信矣。使[6]夕梦至此，岂不以为佳甚耶？陆放翁梦至仙馆，得诗[7]云：“长廊下瞰碧莲沼，小阁正对青萝峰。”便以为极胜之景。予此中颇有之[8]，可不谓之佳梦耶？香山诗云：“多道人生都是梦，梦中欢乐亦胜愁。”[9]人既在梦中，则宜税驾[10]咀嚼其梦，而不当为梦幻泡影之嗟。予固将以此为睡乡[11]，而不复从邯郸道上，向道人借黄粱枕[12]也。

【注释】

[1] 收揽：尽揽概观。

[2] 竹杪（miǎo）松梢：松竹的末梢。

[3] 构：架设，建筑。

[4] 岫（xiù）：峰峦。耸峙：高起屹立。

[5] 小斋三楹（yíng）：小屋三间。斋，燕居之室。楹，房屋一间曰一楹。

[6] 使：假使，如果。

[7]“得诗”两句：站在长廊上，下看碧莲池，小楼迎面望正是青萝峰。源于《剑南诗稿》卷七《梦游山水奇丽处有古宫观云云台观也》诗作“曲廊下阚白莲沼”。阚：通“瞰”，看。青萝：青色的常青藤。萝，松萝，一名女萝，地衣类植物，产深山中，常自树梢悬垂，全体丝状。

[8] 予此中颇有之：我这里头很有一些极胜之景。此中：指小楼小斋及其附近。颇有：很有。之：指胜景。

[9]“香山诗”句：都说人生一场梦，梦中的欢乐远远胜过忧愁。源于白居易《城上夜宴》诗作：“从道人生都是梦，梦中欢笑亦胜愁。”

[10] 税驾：犹言解驾，休息之意。

[11] 睡乡：睡梦中的境界。

[12]“邯郸道上”二句：不再在邯郸路上向道人借黄粱枕，意为不再追求荣华富贵之意。源于唐代李泌《枕中记》：卢生邯郸逆旅遇道者吕翁，自叹穷困。翁探囊中枕授之，生枕之入寐。梦中娶美妻、第进士，累官至节度使，大破贼虏，拜相十年。子皆仕宦，孙姻媾皆天下望族，年逾八十而卒。及醒，黄粱尚未煮熟。后人称为邯郸梦或黄粱梦。

长夏山居图（陈少梅）

【译文】

圃翁说：在山中居住适宜住较小的阁楼，可以尽揽概观群峰沟壑的气势。松竹的末梢，更加有独特的趣味。我准备在芙蓉岛以南的地方构建一座小楼，题名为“千崖万壑之楼”。河流溪水环绕，群山高起屹立，真可谓快意啊。再修建小书房三间，取名叫“佳梦轩”。人生如梦，确实是这样啊。如果夜晚所做的梦在这里实现，难道不是一种极佳的境界吗？陆游做梦游至仙馆，后作诗云：“曲廊下阚白莲沼，小阁正对青萝峰。”就认为那是最好的景象

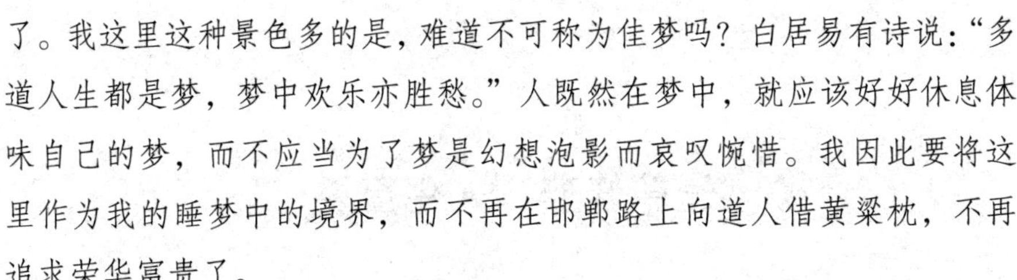

了。我这里这种景色多的是，难道不可称为佳梦吗？白居易有诗说：“多道人生都是梦，梦中欢乐亦胜愁。”人既然在梦中，就应该好好休息体味自己的梦，而不应当为了梦是幻想泡影而哀叹惋惜。我因此要将这里作为我的睡梦中的境界，而不再在邯郸路上向道人借黄粱枕，不再追求荣华富贵了。

【品评】

山居是美妙的。在新雨后的空山，感受“明月松间照，清泉石上流”的澄澈与清明；在寂静的竹林间，“弹琴复长啸”，体味天人合一的情怀。只有在山中、林间，人生的宁静和美好才能得到最充分和最诗意的表达。黄公望的《富春山居图》价值连城，流传千古，固然与画家高超的技法不无关系，但“富春山”“山居”这样充满着美学意蕴的字眼也许是最令人心动的地方。难怪张英感叹人生如梦，但却愿意以山中为“睡乡”。

看尽山居之美，宜居住小楼。“欲穷千里目，更上一层楼”，登高才能望远，更能抒怀。独居楼中，抬头望去，“群峰众壑”尽在眼前，天籁之音流连耳畔，真不辜负山中美景。

试想“行到水穷处，坐看云起时”的诗人身居何处？观美景要有高度，人生岂能没有高度呢？

## 道德修养　人生至要

【原文】

圃翁曰：予尝言享山林之乐者，必具四者而后能长享其乐，实有其乐。是以古今来不易觏[1]也。四者维何？曰道德，曰文章，曰经济，曰福命[2]。所谓道德者，性情不乖戾、不谿刻[3]、不褊狭[4]、不暴躁，不移情于纷华，不生嗔[5]于冷暖。居家则肃雍[6]简静，足以见信于妻孥；居乡则厚重谦和，足以取重[7]于邻里；居身[8]则恬淡寡营[9]，足以不愧于衾影[10]。无忤于人，无羡于世，无争于人，无憾于己。然后天地容其隐逸，鬼神许其安享。无心意颠倒之病，无取舍转徙[11]之烦。此非道德而何哉？

【注释】

[1] 觏（gòu）：与“遘”通，遇见。

[2] 福命：福分与命运。

[3] 谿（xī）刻：刻薄。

[4] 褊（biǎn）狭：度量狭小。

[5] 生嗔（chēn）：发怒。

[6] 肃雍：恭敬平和。

[7] 取重：见重，以他为有德者而敬重之。

[8] 居身：修养自身。

[9] 寡营：不钻营谋利。

[10] 不愧于衾（qīn）影：比喻暗中不做亏心事；行为光明，问心无愧。源于古人的“慎独”思想，“独立不惭影，独寝不惭衾”。

[11] 转徙（xǐ）：转移、变化。

【译文】

圃翁说：我曾经说享受山林中的快乐的人，必须具备下列四种条件，然后才可能长久享受其中的乐趣，也才会真正体验到其中的乐趣。这是古今以来不容易遇见的。四种条件是什么呢？这就是道德、文章、经世济民、福分命运。什么叫道德呢？就是性情不乖戾，不刻薄，不度量狭小，不暴躁，不因为繁华富丽而内心摇动变易意志，不因为人情冷暖而发怒生气。居家过日子要做到恭敬平和简约沉静，为妻妾儿女所信任依赖；邻里相处要做到宽宏大量、谦虚谨慎，为乡族邻居所敬重；修养自身要做到清静淡泊不钻营谋利，做到暗中不做亏心事。不要与人闹矛盾，不要羡慕他人，不要与他人争抢名利，不要对自己留有遗憾。这样天地才能容得下你的隐遁逃世，鬼神才会允许你安然享受。没有心烦意乱的苦恼，没有取舍转移变化的烦恼。这不是道德又是什么呢？

【品评】

罗丹说："世界上不是缺少美，而是缺少发现美的眼睛。"发现美、欣赏美是一种能力，也是一种境界，与个人的修养、天赋、才情甚至机遇都密不可分。宋代的王安石在《游褒禅山记》里写道：想要领略世之奇伟、瑰怪之观，非有志者不能至，力不足不能至，困难之下无外物的帮助亦不能至。所以，内在的修养和外在的帮助是感受美、领悟美，收获身心愉悦的必要条件。张英认为：能够长享山林之乐、实有山林之乐，需要道德、文章、经济、福命四方面的支撑。

山水之乐要靠丰富的心灵去探索、去发现，这是个人心性涵养的功夫，也是个人的道德修养。不乖戾、不苛刻、不狭隘、不暴躁，恬淡自守，事理通达，心气平和，拥有了如此温润洒脱的心境，登山情满于山，观海情溢于海，面对如画美景才能心有所安，有所得，有所乐。同时无论居家、居乡、居身都能左右逢源，于国于家都有莫大的好处。因此，道德修养也是古代读书人最为看重的。

《礼记·大学》开宗明义地指出："大学之道，在明明德。"天下之大道，首先在于彰明道德，因此在"格物、致知、正心、诚意、修身、齐家、治国、平天下"士人伦理体系中，修身是最关键、最核心的内容。不戚戚于贫贱，不汲汲于富贵，胸怀坦荡，平和自然，山林之间才会诞生出最美丽的风景，走入其中，才能尽享、长享山林之乐。

蔬果（丁宝书）

## 领略自然　亦恃文章

【原文】

佳山胜水，茂林修竹，全恃我之性情识见取之。不然，一见而悦，数见而厌心生矣。或吟咏古人之篇章，或抒写性灵之所见，一字一句，便可千秋，相契无言，亦成妙谛[1]。古人所谓:“行到水穷处，坐看云起时。”[2]又云:“登东皋以舒啸，临清流而赋诗。”[3]断非不解笔墨人所能领略。此非文章而何哉?

【注释】

[1] 妙谛：佛教经典中的真言，此处指精妙的道理。

[2]“行到水穷处”二句：语出王维《终南别业》，走到水源的尽头，也就是坐下来欣赏那冉冉升起的云彩之时。

[3]“登东皋（gāo）以舒啸”二句：语出陶渊明《归去来辞》，登上东边山坡我放声长啸，傍着清澈的溪流把诗歌吟唱。

【译文】

绝佳的山水景致，茂密的山林、修长的竹子，都依仗人们的性格思想和认识观点来取舍。否则，第一次见到则满怀喜悦，见的次数多了就会产生厌恶心理。或吟咏古人的诗词歌赋，或抒写精神内心之所见所闻，一个字或者一句话，都可以成为千古不朽之作，与自然相交深厚，也可成为精妙的道理。古人说过：“走到水源的尽头，也就是坐下来欣赏那冉冉升起的云彩之时。”还曾说过：“登上东边山坡我放声长啸，傍着清澈的溪流把诗歌吟唱。”这断不是不通文墨之人所能领会理解的。这不是文章又是什么呢?

【品评】

赤壁泛舟（倪墨耕）

山水不仅仅是自然的存在，更是人文之存在。山水之乐是自然之乐，更是人文之乐、诗意之乐。如果山水停留在人的视野、足迹之外，那只是单薄的；没有了人的参与，山水的美丽和价值都会大打折扣。

那轮明月，那片松林，那泓清泉，那青色的石板，经过王维“明月松间照，清泉石上流”的观照后更加迷人，更让人流连；那荒芜的山野，经陶渊明“种豆南山下，草盛豆苗稀”的书写后成为了诗意的存在，令后人不断追怀；那“难于上青天”的蜀道经过李白“西当太白有鸟道，可以横绝峨眉巅”的讴歌后便成为神州大地险绝的象征；苏轼笔下赤壁只不过是长江边的一处峭壁，但在其《前赤壁赋》《后赤壁赋》《念奴娇·赤壁怀古》等佳作流传开来以后，其笔下的赤壁令人产生了无限的向往。

作为后辈人来到这方山水，去感受这份或宁静或荒凉或险绝的自然之美，更是去体会诗人当时寓居其中的情怀与志向。此时，我们可以吟诵先人的诗篇，也可以自出机杼，写就佳作，去尽情抒发、体味山水之乐。但如果胸无点墨，口不能言，手不能写，那山水之乐是否顿时黯然失色了呢？

# 经济有道　经营有方

【原文】

夫茅亭草舍，皆有经纶[1]；菜垄瓜畦[2]，具见规划；一草一木，其布置亦有法度。淡泊而可免饥寒，徒步而不致委顿[3]。良辰美景，而匏樽[4]不空；岁时伏腊[5]，而鸡豚可办。分花乞竹[6]，不须多费，而自有雅人深致[7]；疏池结篱，不烦华侈，而皆能天然入画。此非经济而何哉？

【注释】

[1] 经纶（lún）：以整理丝缕之事来比喻规划政治；今专指规划而言。经，理其绪而分之；纶，比其类而合之。

[2] 菜垄（lǒng）瓜畦（qí）：指田地。垄，田中高处。畦，田园中分成的小区，一般是长方形的。

[3] 委顿：疲困、颓丧。

[4] 匏樽（páo）：用匏做的酒樽。匏，葫芦的一种，实圆大而扁。

[5] 岁时伏腊：冬夏季节，借指一年四季。岁时，季节。伏腊，本指夏季的伏日及冬季的腊日，为秦、汉时令节；今用以代全年之意。伏，伏日、伏天；夏至后第三庚日起，三十日内谓之伏天，每十日为一伏，分初、中、末，总称三伏，为夏季最热的时期。腊，腊日，即腊八日；阴历十二月初八日，相传为佛成道之日。

[6] 分花乞竹：以自种之花与他人换竹。

[7] 雅人深致：风雅之人，意致深远。深致，深远之意致。致，旨趣，意态。

【译文】

即便是茅亭草舍，也都有其结构经纬规划；菜垅瓜畦等田地，也都能见其规划安排；一草一木，它们的布置也都有着一定的规矩。淡泊处世就会避免饥寒交迫，徒步行走就不致于疲困颓丧。在良辰美景之中，斟满用匏做的酒樽而不空；一年四季之中，农家所养禽畜都能置办。以自种之花与他人换竹，不需要太多花费，而自有风雅之人，意致深远；疏浚池塘、编结篱笆，不需要华丽奢侈的装饰，而质朴自然的美景如同在画中。这不是经济又是什么呢？

【品评】

传统的农业社会，山水和田园有着天然的密不可分的联系。张英的山水之乐其实就是山水田园之乐，既享受了自然山水之美，又享受了乡村田园之乐。

山水诗的鼻祖、南北朝时期杰出的文学家、旅行家谢灵运钟情于山水，遍访名山大川。据说他发明了特制的木屐，屐底装有活动的齿，可以自由装卸，以方便上山、下山。他的诗描摹山水绘声绘色，清新自然，但少了些烟火气息。陶渊明是田园诗派的创始人，他辞官归隐，归园田居，田园生活是诗人的日常，他的田园诗所营造的诗意世界更成为后人的精神家园，但诗人拙于经营，短于经济，田园荒芜，草盛豆苗稀，缺衣少食，甚至幼

观云图（陈少梅）

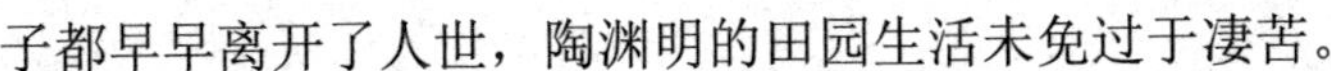

子都早早离开了人世，陶渊明的田园生活未免过于凄苦。

张英寓居龙眠山中，沐浴天地山川日月之自然变化，且经济有道，经营有方。茅亭草舍，杂然相陈；开荒数亩，以解温饱；养鸡养猪，食肉无忧；疏浚池塘，有鱼存焉；编织篱笆，已成庭院；既有田园风景，又有物质生活保障。相比较谢灵运的单调、陶渊明的凄苦，张英的山水田园之乐更丰富多彩，既有物质之充裕，又有精神之富足，无疑是令人羡慕的。

想要长享、实享山水之乐，需要向张英学习——经济有道，经营有方。

## 山林清福　实不易得

【原文】

从来爱闲之人，类[1]不得闲；得闲之人，类不爱闲。公卿将相，时至则为之。独是山林清福，为造物之所深吝。试观宇宙间几人解脱，书卷之中亦不多得。置身在穷达毁誉之外，名利之所不能奔走，世味[2]之所不能缚束。室有莱妻[3]，而无交谪[4]之言；田有伏腊[5]，而无乞米之苦。白香山所谓:“事了心了。”[6]此非福命而何哉？

四者有一不具，不足以享山林清福。故举世聪明才智之士，非无一知半见，略知山林趣味，而究竟不能身入其中，职[7]此之故也。

【注释】

[1] 类：大抵、都。

[2] 世味：人在世上所感受到的种种欲乐之况味。

[3] 莱妻：贤妻。原指春秋时期老莱子之妻；据汉刘向《列女传》载：莱子逃世耕于蒙山之阳，楚王遣使聘其出仕，其妻曰：“妾闻之，可食以酒肉者，可随以鞭捶；可授以官禄者，可随以𫓧钺。今先生食人酒肉，受人官禄，为人所制也，能免于患乎？妾不能为人所制。”遂行不顾，至江南而止。老莱子乃随其妻而居之。后人因此以“莱妻”作为贤妻的代称。

[4] 交谪（zhé）：交相责难。

[5] 田有伏腊：一年到头田中皆有收获。

[6] 事了心了：事情办妥了，内心也就明了了，源于白居易《自在》诗：“心了事未了，饥寒迫于外。事了心未了，念虑煎于内。”

[7] 职：惟；助词。

【译文】

历来喜欢清闲的人，大都得不到清闲；得享清闲的人，大都不喜欢清闲。贵族阶层文武大臣，时机到了便可成为此类人。唯独能享受山林中的清福之主，被创造万物之主所格外吝惜。且看宇宙万物之中有几个能得到解脱，在书籍记载当中也是不多见的。置身在困顿、显赫、诋毁、赞誉之外，不为名声和利益而奔走相求，不为人在世上所感受到的种种欲乐之况味所束缚。家里有贤妻，而没有交相责难的话语；一年到头田中皆有收获，而没有向人讨要粮食的辛苦。正如白居易所说“事情办妥了，内心也就明了了”。这不是福分与命运又是什么呢?

以上所说的道德、文章、经济、福命四点，有一点不具备，就不足以享受山林间的清福。因此，世上聪明能干的人，并非没有不成熟的一点见解，略微知晓山林间的乐趣，但终究不能融入山林之中享受清福，就是这个原因了。

【品评】

山林清福，实不易得。忙碌之人，终日奔波，纵有雅兴，然而难得闲暇，山林清福也无从谈起；有闲之人，无所事事，有闲却无聊，山林纵在眼前，却不懂得欣赏。人世间能够享受山林之乐的少之又少，连张英也不免感叹：“山林清福，为造物之所深吝。”

独有这样一种人，家有薄产，无饥冻之虞；家有贤妻，无聒耳之音；不戚戚于功名，不汲汲于富贵，物质小康，精神平和，此乃福命。有此福命，从游山林，方有尽享山林清福之缘分和可能。

## 久历世涂　终愿山林

【原文】

余久历世涂[1]，日在纷扰、荣辱、劳苦、忧患之中，静念解脱之法，成此八章。自谓于人情物理消息盈虚[2]，略得其大意。醉醒卧起，作息往来，不过如此而已。顾[3]以年增衰老，无由自适，二十余年来，小斋仅可容膝[4]；寒则温室拥杂花，暑则垂帘对高槐，所自适于天壤间者，止此耳。求所谓烟霞林壑[5]之趣，则仅托于梦想，形诸篇咏[6]，皆非实境也。辛巳春分前一日，积雪初融，霁色回暖[7]，为三郎廷璐[8]书此，远寄江乡，亦可知翁针砭气质之偏[9]，流览造物之理；有此一知半见，当不至于汩没本来[10]耳。

【注释】

[1] 世涂：处世的经历，人生的历程。涂，通“途”。

[2] 消息盈虚：或消或长，或盈满或亏损。

[3] 顾：然而。

[4] 容膝：形容居室狭小。

[5] 烟霞林壑：山林泉谷。

[6] 篇咏：诗文。

[7] 霁（jì）色回暖：天气放晴，气温转暖。霁，雨雪停止，天放晴。

[8] 廷璐：即张廷璐（1675—1745），字宝臣，号药斋，张英第三子，一生好学，诗宗唐名家、文法宋诸子，有《咏花轩制义》《咏花轩诗集》传世。

[9] 气质之偏：偏差不正的气质。

[10] 汩没本来：埋没了本性。汩，淹没。

【译文】

我经历了长久的人生历程，每天都生活在纷乱烦扰、荣耀耻辱、辛劳勤苦和忧虑患难之中，静静地思量解脱的方法，就写作而成了这八章。自我认为对于人之常情、物之常理，或消或长，或盈满或亏损，粗略地知道其中大意。认为醉酒或清醒、躺卧或起来，劳作休息，礼尚往来，不过如此而已。然而看到自己一天天岁数在增长，身体一天天在衰老，尚无田地让我得以舒心享受。二十多年来，居室狭小；寒冷的冬天，在其中栽种些杂七杂八的花卉；酷热的夏天，就垂下竹帘在高大的槐树下乘荫凉，自认为天地间最为适意舒心的事情也就是这些罢了。要追求人所说的山林泉谷之乐趣，只寄托在自己的梦中，或者在自己的诗文中实现了，那都不是现实的情景。康熙四十年春分前一天，积雪刚刚消融，天气放晴，气温转暖，为第三子张廷璐写下这封信，远远寄到江南故乡去，也可以看出我对时势偏差不正的气质进行针砭，大致观看造物主的道理所在；有了这些粗浅的见解，起码说明我尚未埋没本性。

【品评】

一番番春秋冬夏，一场场酸甜苦辣，人生有欢乐，更有痛苦，甚至痛苦大于欢乐。无奈的人生让诗人喟叹“人生实难，死如之何”。面对人生困局，解脱之道也是生命的必修课，为此，有人走向了宗教，有人选择了艺术，而张英寄托于山水田园。

张英久历世途，久居官场，相较常人，对于人世的纷扰、官场的险恶，有更切身的体会和感受，而家乡的田园山水成为他追求内心安宁的最终寄托。《清史稿·张英传》载：“英自壮岁即有田园之思。”随着年龄的增长，他感叹“无由自适”的苦恼，“寒则温室拥杂花，暑则垂帘对高槐”的林壑之趣虽仅存在梦想之中，但却始终不能忘怀。张英以“乐圃”为号，也是别有一番幽怀在心头的象征。

“登东皋以舒啸，临清流而赋诗。聊乘化以归尽，乐夫天命复奚疑”，这是陶渊明的夙愿，而这又何尝不是张英的心声呢？

# 归园田居　妙趣自知

【原文】

龙眠芙蓉溪，吾朝夕梦寐所在也。垂云沜[1]天然石壁，上倚青山，下临流水，当为吾相度可亭[2]之地，期于对石枕流[3]。双溪草堂前，引南北二涧为两池，中一闸相通：一种莲，一种鱼[4]。制扁舟[5]，容五六人；朱栏翠棂[6]，兰桨桂棹[7]。从芙蓉溪亭登舟，至舣舟亭[8]登岸。襟带吾庐[9]，汝归当谋疏凿：阔处十二丈，窄处二三丈；但[10]可以行舟。汝兄弟侄轮日督工，于九月杪[11]从事[12]，渠成以报吾。堂轩[13]基址，预以绳定之，以俟异日[14]。

临河有大石[15]，土人[16]名为貛[17]洞。此地相度亭子，下临澄潭，四围岭岫[18]，既旷然轩豁[19]，亦窈然[20]幽深。其旁当种梅柳以映带[21]之，亦此时事[22]也。向来梅杏桃梨之属，种植者亦不少矣。使皆茂达，尽可自娱。此时浇溉、修治、扶植、去草为急。仆人纸上之树[23]日增，园中之树日减，汝当为吾稽察[24]之。树不活与不种同。山中须三五日静坐经理[25]，晨入暮归，不如其已[26]也。可与兄弟侄言之。

【注释】

[1] 垂云沜（pàn）：室之名。王维辋川别墅有室名“茱萸沜”，为辋川二十景之一。本处仿此。沜，山崖或水涯。

[2] 亭：作动词，指建亭。

[3] 对石枕流：有悠游林泉、闲居山野之意。

[4] 种鱼：即养鱼。

[5] 扁舟：小船。

[6] 棂（líng）：旧式房屋的窗格。

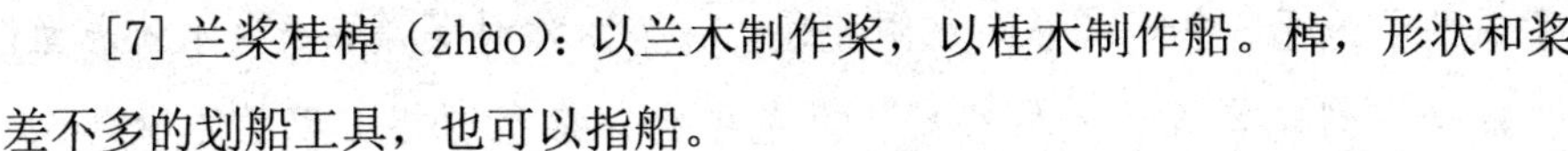

[7] 兰桨桂棹（zhào）：以兰木制作桨，以桂木制作船。棹，形状和桨差不多的划船工具，也可以指船。

[8] 舣（yǐ）舟亭：亭之名。舣，停船靠岸。

[9] 襟带吾庐：山水环绕在我房屋的四周。襟带，即襟山带河，就是倚山绕河之意；庐，屋舍。

[10] 但：只要。

[11] 杪：本意为树枝的细梢，借指年月或四季的末尾，这里指月末。

[12] 从事：治其事。

[13] 堂轩：大厅和长廊。

[14] 俟（sì）异日：待他日再行动工之意。

[15] 河：指龙眠山芙蓉溪。大石：当指上文所言天然石壁“垂云沜”。

[16] 土人：即当地人，世居本地的人。

[17] 獾（huān）：野兽名，种类不一，穴居山野，昼伏夜出。

[18] 岭岫：山岭。岫，本意是指山洞，这里指山峰。

[19] 旷然轩豁：空旷开阔。旷然，空旷、广大的样子。

[20] 窈然：深远的样子。

[21] 映带：景物相互映衬。

[22] 此时事：指前述九月末疏凿水池时一并要做的事。

[23] 纸上之树：指登记在册的树木数量。

[24] 稽察：即检查、察考。

[25] 静坐经理：专心经营管理。静坐，本为静心安坐，此指专心于某事。

[26] 不如其已：适当的时候就停下来，此处指等所种的树都已活了就可以停歇。已，毕，止。

【译文】

龙眠山芙蓉溪，是我朝思暮想、梦寐以求的闲居之地。垂云沜是一处天然山崖，上面背靠青山，下面临近溪流，应该是我考虑建造亭子的地方，我希望在此悠游林泉。在双溪草堂前，引南北两处的山沟之水，蓄成两个池子，中间以一座水闸连通。一个水池种莲藕，一个水池养鱼。再建造一驾能容五六人的小船，红色围栏，绿色窗格，以兰木做船桨，以桂木做船身。从芙蓉溪边的亭子上船，再从舣舟亭登岸。为让山水环绕在我房舍的四周，你们回来后，要谋划疏通开凿一水渠，宽处十二丈，窄处两三丈，只要能通船就足够了。你们兄弟、侄辈几个，每日轮流监工，从九月末开始动工，水渠修成之后报告给我。大厅和长廊的地基，你们先以绳墨定好，等他日再动工。

靠近芙蓉溪的地方有一处天然石壁，当地人称之为獾洞。我考虑在这里修建一座亭子，下对清澈的潭水，四面环绕山岭，既空旷开阔，又深远而幽静。亭子旁边要种些梅树、柳树以相互映衬，这也是疏凿水池时一并要做的事。梅、杏、桃、梨这一类的树，种植的人一向不少。如能把它们都养护得繁茂，也是能够自以为乐的。这时，浇水、修剪、扶正、除草是当务之急。仆人登记在册的树木数量倒是一日比一日多，可园中实际存活的树却一日比一日少，你们要为我严格检查。树没存活下来与不种树是一回事。要安排人每隔三五天到山里去专心经营打理，清晨进山傍晚回来，等所种的树都已存活了就可以停歇。这些事情，可转告你们兄弟侄辈。

【品评】

一千多年前，有个叫陶渊明的诗人，辞别官场，归园田居；一千多年后，有个叫张英的重臣，身在朝堂，却魂牵梦绕，心系田园。诗意地栖居大地，是他们共同的人生梦想。

《清史稿·张英传》载："英自壮岁即有田园之思，致政后，优游林下者七年。"相较陶渊明来讲，张英的田园梦更有规划、照料得更为细致。龙眠山中，芙蓉溪畔，草堂存焉；筑亭石上，下临流水，登高望远；凿池种莲养鱼，泛舟其间，杂花生树，自是一派诗意盎然。

龙眠山、芙蓉溪，山水之间，树木交错，花草相映，这就是张英的"桃花源"。

# 草木之爱　差可自娱

【原文】

予生平嗜卉木，遂成奇癖，亦自觉可哂[1]。细思天下歌舞声伎[2]，古玩书画，禽鸟博弈之属[3]，皆多费而耗物力，惹气[4]而多后患，不可以训子孙。惟山水花木，差可自娱，而非人之所争。草木日有生意，而妙于无知[5]，损[6]许多爱憎烦恼。

京师难于树植，艰于旷土[7]。书阁中置盆花数种，滋培收护[8]，颇费心力，然亦可少供耳目之玩。琴荐书幌[9]，床头十笏之地[10]，无非落花填塞，亦一佳话也。

【注释】

[1] 可哂（shěn）：可笑。哂，讥笑。

[2] 歌舞声伎：指古时以歌舞为业的女子。

[3] 禽鸟博弈之属：玩鸟赌博之类。禽鸟，即鸟。博弈，赌博下棋。

[4] 惹气：招引烦恼。

[5] 无知：指草木没有知觉。《荀子·王制》云："水火有气而无生，草木有生而无知，禽兽有知而无义，人有气有生有知，亦且有义，故最为天下贵。"

[6] 损：减少。

[7] 艰：欠缺。旷土：空闲的土地。

[8] 滋培收护：栽培养育和收存保护。

[9] 琴荐书幌：弹琴读书处。荐，草席，垫子。书幌，书斋的帐幔。

[10] 十笏（hù）之地：比喻距离之短。笏，古代大臣上朝时所持的手板，用玉、象牙或竹片制成，上面可以记事。

【译文】

我这辈子爱好草木，竟然成了一种奇特的癖好，连我自己都觉得可笑。然而仔细想来，但凡畜养歌姬舞女、收藏古玩字画、玩鸟赌博下棋这一类，都是些花钱又耗物，招引烦恼又容易惹来祸患的事情，是不可以教导子孙学的。只有山水花木，勉强可以用来寻乐消遣，这是没人与我相争的。草木一天比一天富有生机，但又妙在它们没有知觉，这样就能省却许多爱憎烦恼。

京师之地，难以种植花草树木，因为空闲的土地太少。在书房放置几种盆景，栽培养育，收存保护，需要花费不少心思和精力，不过也略微可以供我赏玩。读书弹琴处以及床头狭小的空间的地面上，积满了落花，也不失为一桩美谈。

【品评】

“水陆草木之花，可爱者甚蕃”，对于草木的喜爱也许是人之天性，但如张英“嗜卉木”“成奇癖”的并不多见。

贾平凹说：“人可以无知，但不可以无趣。”但趣味有高低雅俗之分，有的甚至还会招来是非，如“歌舞声伎，古玩书画，禽鸟博弈之属”，费力耗财，多烦恼与后患，也不足以教导子孙学习。相较之下，草木可自娱，而少纷争，自有一番怡然自得的天地。古人讲：“花芳以养性，花阴以休影。”养花种草植树，养的是情趣，种的是心情，植的是精神。

草木属于田园，京师居大不易，“艰于旷土”，但也不是不能作为。书房中、床头前、弹琴处，盆植几株，花落满地，一席芳香，是美景，亦是美谈！

# 游山所得　在于个人

【原文】

圃翁曰：山色朝暮之变，无如春深秋晚。四月则有新绿，其浅深浓淡，早晚便不同。九月则有红叶，其赪黄茜紫[1]，或映朝阳，或回夕照[2]，或当风而吟，或带霜而殷[3]，皆可谓佳胜[4]之极。其他则烟岚雨岫、云峰霞岭[5]，变幻顷刻，孰谓看山有厌倦时耶？放翁诗云："游山如读书，浅深在所得[6]。"故同一登临，视其人之识解学问，以为高下苦乐[7]，不可得而强也。

予每日治装[8]入龙眠，家人相谓："山色总是如此，何用日日相对？"此真浅之乎言看山者[9]。

【注释】

[1] 赪（chēng）黄茜（qiàn）紫：红叶映日所幻变出来的赤、黄、红、紫等颜色。赪，红褐色。茜，绛红色。

[2] 回夕照：夕阳反照。回，返、反之意。

[3] 殷：赤黑色。

[4] 佳胜：美好。胜，优。

[5] 烟岚雨岫、云峰霞岭：烟入山岚，雨出山岫，云盘层峰，霞绕长岭。烟岚，山中蒸润之云气；云峰，高耸入云之山峰；霞岭，亦高峰之意。

[6]"游山如读书"两句：游历山林，就好像读书一样，能不能有收获，或者收获多少，全看他学识修养的程度而定。源于陆游《再游天王广教院》诗作"深浅皆可乐"。原题为"天王广教院在蕺山东麓。予年二十余时，与老僧惠迪游，略无十日不到也。淳熙甲辰秋，观潮海上，偶繫舟其门，曳杖再游，恍如隔世矣"。

[7] 高下苦乐：或优劣上下，或痛苦快乐。

[8] 治装：整理行装。

[9] 此真浅之乎言看山者：这真把游山说浅了。浅之乎言，等于言之乎浅，把它说简单了的意思。

【译文】

圃翁说：山林的色彩从早上到晚间的变化，远不如其从春天到深秋时的多姿多彩。四月间万物发芽出现了新的绿色，有浅有深有浓有淡，即使早晚间也有变化。九月间红叶满山遍野，红叶映日所幻变出来的赤、黄、红、紫等颜色，或清晨映照着朝阳，或傍晚反衬着夕阳，或迎风低吟，或带着寒霜而呈现黑红色，都可算美好的景色了。其他如烟入山岚，雨出山岫，云盘层峰，霞绕长岭，瞬间变幻，刹时移影，谁会说进入这样的妙境还会有厌倦的时候？陆游在诗中说道："游历山林，就好像读书一样，能不能有收获，或者收获多少，全看他学识修养的程度而定。"因此即使是一同登山游乐，也是看本人的学识见解浅深程度如何，从而也就会出现高下苦乐之间的区别，这是不能牵强于人的。

我每天都要整理行装去龙眠山中。家里的人对我说："山林的色彩总是这样，何必非得天天去观望？"这真把游山说得太简单了。

【品评】

"若夫日出而林霏开，云归而岩穴暝，晦明变化者，山间之朝暮也。野芳发而幽香，佳木秀而繁阴，风霜高洁，水落而石出者，山间之四时也"，阳光朝暮明暗变化，四季时光的穿梭交织，形成山中多姿多彩的风景，是天地间无尽的宝藏；仁者乐山，大山的厚重沉稳是仁者的最爱；高山仰止，大山的伟岸屹立成为君子品格的象征。古往今来，名山也好，小山也罢，各具风致，都是文人留恋徘徊和精神诗意栖居的地方。"登山则情满于山"，诗人发现了山峦的美丽，也发现了自己的深情，灵犀相通，成为知己和朋

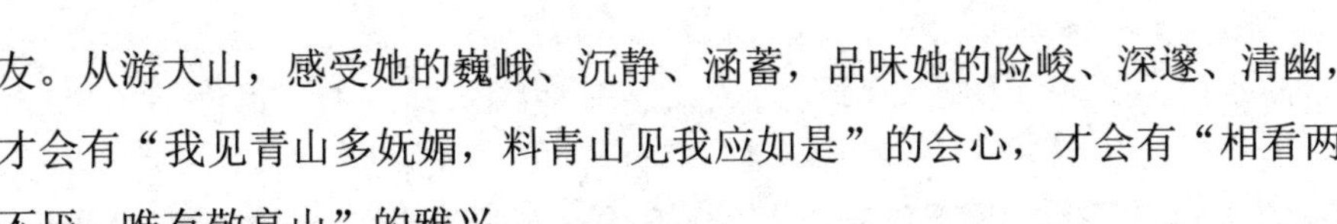

友。从游大山，感受她的巍峨、沉静、涵蓄，品味她的险峻、深邃、清幽，才会有“我见青山多妩媚，料青山见我应如是”的会心，才会有“相看两不厌，唯有敬亭山”的雅兴。

古人云：“读书如游山。”读书学问有高下，游山感悟有深浅。面对秀丽的山川，有人诗意盎然，也有人昏昏欲睡；只有有心人才能读懂山川的美丽，苏轼眺望庐山悟出了“横看成岭侧成峰，远近高低各不同”的哲思，杜甫遥望泰山唱响了“会当凌绝顶，一览众山小”的豪情，王安石说：“古人之观于天地、山川、草木、虫鱼、鸟兽，往往有得，以其求思之深而无不在也。”观之切，思之深，有见解、有学问才能看到不一样的风景。

红杏满园（近代·吴树本）

## 移树之法　为人之道

【原文】

圃翁曰：移树之法，江南以惊蛰[1]前后半月为宜。大约从土掘出之根，最畏春风，故须用土裹密，用草包之，不宜见风，甚不宜于隔宿[2]。所以吴门、建业来卖花者，行千里经一月而犹活，乃用金汁土[3]密护其根，不使露风[4]之故。近地移植反不活者，不知此理之故也。其新生细白根，系生气所托[5]，尤不当损。人但知深根固蒂，不知亦不宜太深种植。书谓："加旧迹[6]一指。"若太深，则泥水伤树皮，断然[7]不茂矣。

【注释】

[1] 惊蛰（zhé）：二十四节气中的第三个节气，标志着仲春时节的开始，在阳历三月五日或六日。

[2] 隔宿：过了一夜。

[3] 金汁土：以粪汁浇过的土。金汁，粪中清汁；用棕皮棉纸，上铺黄土，浇粪汁于其上，滤取清汁，封入瓮内，埋于土中，逾年取出，谓之金汁。

[4] 露风：本为寒气；此指暴露风中。

[5] 生气所托：生长气息所寄托。

[6] 旧迹：移植前根干露出土面的痕迹。

[7] 断然：绝对。

【译文】

圃翁说：移植树木的规矩，江南地区以惊蛰节气前后的半个月比较适宜。大概从土壤里挖出来的根须，最怕被春风所侵袭，因此需要用土壤紧紧包裹，再用草包住，不要使之受到风的侵袭，更不要让它过夜而不移植。吴门、建业一带来这里卖花的人，走了上千里路、经过一个多月的时间花仍旧成活，乃是用了以粪土浇过的土紧密包裹根须，不让它暴露在风中的缘故。距离很近的地方移植树木反而不能成活，恐怕就是因为不了解这个道理。树木根部所生长的细小白色根须，为生命之气所寄托，尤其不应当损害。人们只知道根深才能蒂固，却不知道也不宜种植过深。书中有云："在移植前根干露出土面的痕迹上再加深一手指的土就可以了。"如果太土深，泥水就会伤害到树皮，那是绝对不会茂盛的。

【品评】

张英侍读南书房，博古通今，是睿智的帝王师；耕耘田园之间，养花植树，是技艺高超的园艺师。其移树之法，既是移树的专业知识，又能给我们带来生活的智慧和启示。

凡事得法方能事半功倍，不得法则事倍功半，比如：移植树木要选择好时间——惊蛰前后，在树木的运输过程中要把根"用土裹密"。懂得方法，操作得当，虽移植千里之外，犹能存活；反之，虽近在咫尺，犹不能活。做事情不能蛮干，要掌握规律，明白技巧，才能事半功倍。俗话说："磨刀不误砍柴工"，讲的就是这个道理。

培育有度，过犹不及。根深蒂固，树木才会枝繁叶茂，但"若太深，则泥水伤树皮，断然不茂矣"，事实告诉我们有节、有度才能恰到好处，才能生命长久。唐代文学家柳宗元所写的《种树郭橐驼传》中，郭橐驼是种树的行家能手，凡是长安城里经营园林和做水果买卖的富人，都争着把他接到家里奉养。郭橐驼指出：使树木活得长久而且长得很快，关键是能够顺应树木的天性，来实现其自身的习性；而常人种树要么不及，要么太过。缺乏关心和过度关心，反而阻碍了树木的生长。孔子的高足子游曾说："事君数，斯辱矣；朋友数，斯疏矣。"可见，育树之法与为人之道有着本质的相同：保持节制、有度，方能成全生命，成就人生。

学习张英移树之法，得为人处世之道。

# 花开移木　气泄本伤

【原文】

凡树大约花时[1]移，则彼精脉[2]在枝叶，易活，于桂尤甚。花已有蓓蕾，移之多开，然此最泄气[3]。故移树而花盛开者，多不活；惟叶茂，则其树必活矣。牡丹移在秋，当春宜尽去其花，若少爱惜，则其气泄，树即活亦不茂，数年后多自萎。树之作花[4]甚不易，气泄则本伤[5]。古人云："再实之木，其根必伤。"[6]人之于文章功名也亦然，不可不审也。

【注释】

[1] 花时：花期、花季。

[2] 精脉：精气血脉，此处指植物的生命力。

[3] 泄气：不能保持固有的精气。

[4] 作花：开花。

[5] 气泄则本伤：树开了花，根部就受损伤。

[6] 再实之木，其根必伤：一年之内再度结果的树，根部必受伤。

【译文】

大凡树木，大都是在花期时移植，这时植物的生命力都在枝叶上，容易成活，对于桂花树来说尤其是这样。如果在已经有了花蕾的时候移植，往往都会开花，但这样做最不能保持植物固有的精气。因此，移植花木之后花朵盛开的，往往成活不了；而在枝叶茂盛时移植，树木必然能成活。牡丹花一般在秋季移植，但在春季里就应当将其花朵全部剪去。如果稍稍爱惜而舍不得剪去，那么它的精气就泄露了，即使移植后成活了也是不会茂盛的，几年以后就会自行枯萎。树木开花不

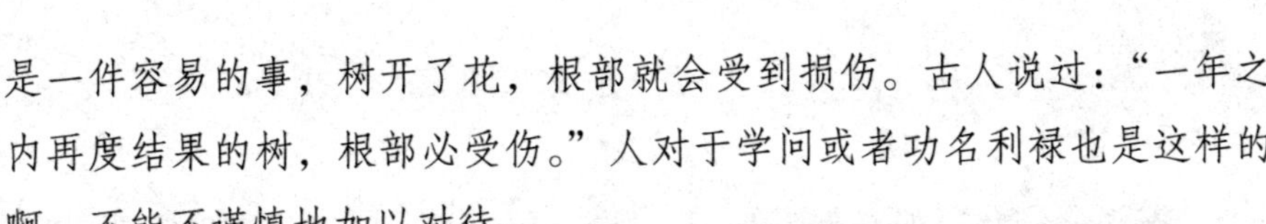
是一件容易的事，树开了花，根部就会受到损伤。古人说过：“一年之内再度结果的树，根部必受伤。”人对于学问或者功名利禄也是这样的啊，不能不谨慎地加以对待。

【品评】

人们常说：“人挪活，树挪死。”树虽然不易挪，但“树挪死”的主要原因大概在于不得其法。张英钟情园圃，根据经验总结出移苗心得：花开后移树，气泄本伤，则不易活；花未开而移，精脉犹存，易活。由此看来，挪树是否能活的关键在于伤其根本与否。

无根之木，生命自然凋零枯萎；无基之屋，不能承受风吹雨打；无源之水，终将干涸。木之根、屋之基、水之源与人之本在性质上是一样的，都是事物的基石，对生命起着决定性的影响和作用。儒家非常强调本的意义和作用，孔子弟子有子曾经说过：“君子务本，本立而道生。”无本之人就如无根之木、无基之屋、无源之水，难以立足于世。树木、房屋、水流的根基形象而具体，那么人的根基又是什么呢？君子之本又是什么呢？孔子认为“孝、悌、忠、信、礼、义、廉、耻”是做人的根本，也是成为君子的必修课。古人认为在做人的根本上不能有半点闪失，否则“大节有亏，则众长难掩也”，人若在节操上有了亏损，众多的长处都难以遮掩。明末东林领袖钱谦益折节仕清，虽才华横溢，著作等身，但终被世人所争论不止。翻开史书，这样的例子不胜枚举。无论在何种情况下，忘本、失本对于人生都是颠覆性的灾难，张英由衷地发出喟叹：“人之于文章功名亦然，不可不审也。”

# 苍松古柏　不敢亵玩

【原文】

辛巳[1]春分日，予携大郎二郎六郎[2]，出西直门[3]，过高梁桥，沿溪水至法华寺，饭于僧舍，因[4]至万寿寺。时甫[5]移华严钟[6]于后阁，尚未悬架。遂过天禧宫，看白松。盖余最心赏古松：枝干如凝雪，清响[7]如飞涛，班剥离奇，扶疏诘曲[8]，枝枝入画，叶叶有声，如对高人逸士，不敢亵玩[9]。京师寺观，此种为多，而时代久远，则无过天禧宫者。共二十余株，皆异态殊形，可谓巨观[10]矣。是行也，春寒初解，绿色苍茫[11]，然已有融润[12]之气。得小诗曰："缘溪来古寺，石堰旧河梁。水泮[13]波澄绿，风轻柳曲黄[14]。苔痕春已半，松影日初长。篮笋[15]携诸子，僧寮[16]野蔌[17]香。"

【注释】

[1] 辛巳：指公元1701年，即康熙四十年，张英时年65岁。

[2] 大郎二郎六郎：指张英的长子廷瓒、次子廷玉、六子廷瓘。

[3] 西直门：北京内城的九大古城门之一，位于北京内城西垣北侧，自元朝开始就是京畿的重要通行关口。

[4] 因：由，从。

[5] 甫：刚刚，才。

[6] 华严钟：铸造于明永乐年间，一般叫作永乐大钟。万历三十五年（1607），大钟被移到西直门外的万寿寺。

[7] 清响：清脆的响声。

[8] 班剥离奇，扶疏诘（jí）曲：树干斑驳剥落奇特幻异，枝叶交错曲折繁密茂盛。班，即班驳，亦作"斑驳"，色彩相杂。扶疏，枝叶繁茂

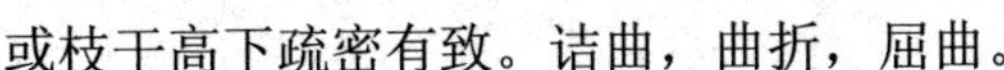

或枝干高下疏密有致。诘曲，曲折，屈曲。

[9] 亵玩：轻慢而不庄重地玩弄。亵，亲近而不庄重。

[10] 巨观：宏伟的景观。

[11] 苍茫：杳无边际的样子。

[12] 融润：暖和湿润。

[13] 泮（pàn）：散，解。

[14] 曲黄：淡黄色。指酒曲因发酵所生的菌的颜色。

[15] 篮笋：指竹轿。篮为篮舆，笋为笋舆，古代供人乘坐的竹制交通工具，类似后世的轿子。

[16] 僧寮（liáo）：即僧舍，僧人的住所。寮，小屋。

[17] 野蔌（sù）：野菜。

【译文】

辛巳春分日，我带着长子廷瓒、次子廷玉、六子廷瓘，一路出西直门，走过高梁桥，沿着溪水来到法华寺，在寺院里吃过饭后，又来到万寿寺。此时华严钟刚被挪至后面的阁楼，还没有悬挂到钟架上。于是又经过天禧宫，去看白松。我心里面最喜爱这古松：枝干泛白，犹如凝固的雪；风吹松枝发出的清脆响声，犹如飞起的波涛声。树皮剥落，斑驳奇异；枝叶交错，曲折繁茂。每一根松枝都是一幅画，每一根松针都有它的声音。观赏古松，就好像面对节行高逸之人，不敢太过亲近而不庄重。京师的佛寺和道观里，这种古松有很多，但以时代之久远而论，则莫过于天禧宫中的。天禧宫里的古松有二十多株，形态各异，真可以说是一大奇观。这次出行，初春的寒气刚开始退去，大地一片绿色，但已有暖和湿润之气。我作得小诗一首，诗云：“缘溪来古寺，石堰旧河梁。水泮波澄绿，风轻柳曲黄。苔痕春已半，松影日初长。篮笋携诸子，僧寮野蔌香。”

【品评】

晋陶渊明独爱菊，李唐世人盛爱牡丹，周敦颐独爱莲，张英最心赏古松。燕京古都，历史悠久，百年寺观，最宜观古松。枝干峭拔，泛白如白雪；树皮斑驳剥落，奇特幻异；风行处，叶叶有声，犹如飞涛。临之幸之，如对高人逸士，情感不能不为之陶冶，境界不能不为之提升。若能松下静坐，必有一番幽怀；若是松下读书，必有一番雅趣。天禧宫之古松，时代久远，异态殊形，蔚为壮观！此情此景，令人震撼，此为寺观之松。想象那伫立于悬崖峭壁的孤松，凌空独立，这是不是又构成了“暮色苍茫看劲松，乱云飞渡仍从容”的视觉奇观，而这何尝不是一种生命的高度！

芳丛螅声（程璋）

孔子曰：“岁寒，然后知松柏之后凋也。”天寒地冻，万物凋零，而苍松依旧傲然挺立在天地间。陶渊明爱菊之隐逸，世人爱牡丹之富贵，周敦颐爱莲之清白，“大雪压青松，青松挺且直。要知松高洁，待到雪化时”，想那松柏之坚贞不屈的英雄气概必是张英之最爱。

尝观草木之性，亦随天地为圆转：梅以深冬为春，桃、李以春为春，榴、荷以夏为春，菊、桂、芙蓉以秋为春。观其枝节含苞之处，浑然天地造化之理。故曰：复，其见天地之心乎！

## 极精妙处　无有不圆

【原文】

圃翁曰：天体至圆，故生其中者无一不肖[1]其体。悬象[2]之大者，莫如日月，以至人之耳目手足、物之羽毛、树之花实。土得雨而成丸，水得雨而成泡，凡天地自然而生皆圆。其方者，皆人力所为。盖禀天之性者，无一不具天之体。万事做到极精妙处，无有不圆者。圣人之德，古今之至文法帖[3]，以至一艺一术，必极圆而后登峰造极。裕亲王[4]曾畅言其旨，适与予论相合。偶论及科场文[5]，想必到圆处始佳。即饮食做到精美处，到口也是圆底。

【注释】

[1] 肖：类似。

[2] 悬象：天象，指日月星辰。

[3] 至文法帖：好文章好书法的范本。

[4] 裕亲王：即裕宪亲王，清世祖第二子，康熙帝异母兄，名福全，号澹园主人。

[5] 科场文：参加科举应试的文章，即张英屡屡提及的“时文”。

【译文】

圃翁说：天体的存在形式是极圆的，因此存在于其中的事物没有一种不与天体类似。天象之中比较大的莫过于太阳和月亮，以至于人的耳目手脚、动物的羽毛、树木的花果等都是圆的。土和雨搅和到一起就团成了小而圆的泥丸，雨落入水中就形成圆形小水泡，凡是天地间自然生成的东西都是圆的。至于方形之物，那都是人为造成的。这大

概是因为禀受了天地之性情的物体，无不具备天体的形态。世间万物做到了最为精妙的地步，没有不是圆的。古代圣贤之人的德行，古往今来好文章好书法的范本，乃至于一种技艺、一种方法，必定是到了极其圆通之后才登峰造极的。康熙帝异母兄裕亲王曾经畅谈自己的观点，恰好与我的看法吻合。偶然谈及参加科举应试的文章，想必也是到了最圆通晓畅的时候才达到最佳效果。即便是饭菜做到了最精美的时候，吃到嘴里也是圆润可口的。

【品评】

《聪训斋语》中既有张英对子孙的谆谆教诲和持家立业的箴言，温情中显现着威严；也有张英本人对个体生命、宇宙自然的哲学思考，深邃中充满着智慧。在张英看来，圆是客观世界的本体，也是认识世界、解决问题的方法。

老子《道德经》有云：“人法地，地法天，天法道，道法自然。”意思是说道的运行是以宇宙本来自然的规则为规律。张英认为“盖禀天之性者，无一不具天之体”“天体至圆”。无论天空中的日月，还是地上的泥丸、水泡，“凡天地自然而生皆圆”。在这里，圆具有本体论的意义，是万物发生的最初形态。张英关于世界本体的认识，既形象又充满着思辨的色彩。

圆，哲学范畴中是世界的本体，生活中具有认识论和方法论的意义。“一切立体图形中最美的是球形，一切平面图形中最美的是圆形”，古希腊哲学家毕达哥拉斯如是说。德国哲学家黑格尔的正反合理论本质上也是圆形的。在中国人的观念里，圆作为图形是美的，同时圆被

翠盖临风（汪溶）

赋予了完美与和谐的内涵，进而成为人们追求的目标和理想境界。比如，在现实生活中，我们经常讲事情做得很圆满、为人圆通灵活。张英也认为“万事做到极精妙处，无有不圆者”，古人作诗的起承转合、书法艺术的圆润，都是圆形思维在生活中的具体体现。

人到圆处始通，事到圆处始妙，物到圆处始美。

# 天道造物　必无两全

【原文】

古人云："予之齿者去其角，与之翼者两其足。"[1] 天道造物，必无两全，汝辈既享席丰履厚之福，又思事事周全，揆[2]之天道，岂不诚难？惟有敦厚谦谨，慎言守礼，不可与寒士同一般感慨欷歔，放言高论，怨天尤人，庶不为造物鬼神所呵责也。况父祖经营多年，有田庐别业[3]，身则劳于王事[4]，不获安享。为子孙者，生而受其福，乃又不思安享，而妄想妄行，宁不大可惜耶？

【注释】

[1]“古人云”二句：天生利齿的动物，头上就不长角；天生双翅的动物，就只长两只脚。比喻任何事物不可能十全十美。语出《汉书·董仲舒传》：“夫天亦有所分予，予之齿者去其角，傅其翼者两其足，是所受大者不得取小也。”

[2] 揆（kuí）：衡量。

[3] 别业：即别墅。

[4] 劳于王事：勤于政事。

【译文】

古人说：天生利齿的动物，头上就不长角；天生双翅的动物，就只长两只脚。上天创造物种，肯定不会让它两全其美。你们这代人既然有享受丰厚的祖业这种福气，又还想着事事必须周全完备，按照天道的规则，难道不是很困难的吗？只有敦厚持重，谦虚谨慎，小心说话，遵守礼度，不能和贫寒的读书人一样大发感慨，唉声叹气，高谈阔论，怨天尤人，这样或许才不会被造物鬼神所训斥责怪。何况父祖辈经营置办多年，购置有田地庐舍、别墅园林，自身因为勤于政事，而不能享受。作为子孙后代，生下来就坐享其福，竟然又不安安稳稳地享受，而是胡思乱想、妄自作为，难道不是非常可惜的吗？

【品评】

两全其美，是大多数人做事时的美好愿望，而现实却是“人生不如意事十之八九”。宋代词人苏轼《水调歌头》有云：“人有悲欢离合，月有阴晴圆缺，此事古难全。”天理人道都不可能做到尽善尽美。因此，作为个体的人来说，不能时时、事事、处处都要求圆满。正确积极的态度是珍惜所拥有的现在，乐观地面对生活，切忌贪得无厌。

张英告诫他的后人们依赖于祖先经营的家业，能够“生而受其福”，是造物的恩赐，但正如古人云“予之齿者去其角，与之翼者两其足”，物质的充裕并不能代表着一切的圆满，有得必有失，不可一味地乞求周全；若周全不得，便怨天尤人，这是不对的，也是违反天道的。

## 家道盛衰　同于自然

【原文】

凡人家道亦然，盛衰增减，决无中立[1]之理。如一树之花，开到极盛，便是摇落之期。多方保护，顺其自然，犹恐其速开，况敢以火气[2]催逼之乎？京师温室之花，能移牡丹、各色桃于正月，然花不尽其分量[3]，一开之后根干辄萎。此造化之机，不可不察也。尝观草木之性，亦随天地为圆转：梅以深冬为春，桃、李以春为春，榴、荷以夏为春，菊、桂、芙蓉以秋为春。观其枝节含苞之处，浑然[4]天地造化之理。故曰：复，其见天地之心乎[5]！

【注释】

[1] 中立：指事物一直处于强盛状态。

[2] 火气：用人工方式升高温度。

[3] 不尽其分量：开得不够，指达不到自然环境下应有的状态。

[4] 浑然：自然形成的样子。

[5]“天地之心”句：《易经·复卦·彖传》曰：“复，其见天地之心乎！”复卦（䷗），为坤上震下合成之卦，象征冬去春来、大自然万物生生不息的本心。

【译文】

家道的变化也是这样，有兴盛有衰落，有增加有减少，绝对没有一直处于强盛状态的道理。就像一棵树上的花，当花开到最茂盛的时候，也就是凋残零落之时了。多方加以保护，想顺其自然，仍然担心花开得太快，又怎敢用人为升温的方式来催使花开呢？京城种植花草的温室，能将牡丹花和各色各样的桃花改到正月里开放，但所开的花不够，而且开过一次之后，根部和枝干就会枯萎，这是自然规律所造成的，不能不明白这一点。我曾经观察过草木的规律，它们也是随着天地的形状而往复运转的。梅花是以严冬为春天的，桃李是以春天为春天的，石榴和荷花是以夏天为春天的，菊花、桂花和芙蓉是以秋天为春天的。观察它们树枝上那些含苞欲放的地方，完全就是天地自然所造就的。所以说：往复的道理，大概体现着天地生育万物的用心吧！

纳凉闻荷香（徐菊庵）

【品评】

水陆草木之花盛衰有时：深冬中梅花凌寒独自开；春风里桃李绽放出笑容；炎炎夏日，接天莲叶无穷碧，映日荷花别样红；还有重阳佳节，满城尽带黄金甲的菊花。纷纷然各有其生命的春天，开到极盛之时，便是摇落凋谢之期，这是人不能强力改变的。虽移牡丹于正月，但花不尽其分量，时则根干枯萎。此皆天地造化之理。

盛衰之理，自古皆然，家道亦然。《红楼梦》十三回秦可卿托梦于王熙凤说：“常言‘月满则亏，水满则溢’，又道是‘登高必跌重’。

如今我们家赫赫扬扬，已将百载，一日倘或乐极悲生，若应了那句‘树倒猢狲散’的俗语，岂不虚称了一世的诗书旧族了！”王熙凤听后始而敬畏，继而追问如何保全家业，秦氏冷笑道：“否极泰来，荣辱自古周而复始，岂人力能可保常的！但如今能于荣时筹画下将来衰时的世业，亦可谓常保永全了。”此等见识无愧于脂粉堆里的英雄的雅号。

张英对家道有深刻的洞察，更有着难得的清醒态度，因此，操持家业，教育子孙便多了几分气度和从容。

## 懂得知命　君子之道

【原文】

圃翁曰:《论语》云:“不知命，无以为君子”[1]，考亭[2]注:不知命，则见利必趋，见害必避，而无以为君子。予少奉教于姚端恪公，服膺斯语，每遇疑难踌躇之事，辄依据此言，稍有把握。古人言“居易以俟命”[3]，又言“行法以俟命”[4];人生祸福荣辱得丧，自有一定命数，确不可移，审此，则利可趋而有不必趋之利，害宜避而有不能避之害。利害之见既除，而为君子之道始出，此“为”字甚有力。既知利害有一定，则落得做好人也。

【注释】

[1] 不知命，无以为君子:语出《论语·尧曰》:“不知命，无以为君子也。不知礼，无以立也。不知言，无以知人也。”不懂得命运，就没有办法当君子。

[2] 考亭:朱熹（1130—1200），南宋婺源人，晚号晦翁，讲学之所曰“考亭”，人称考亭先生。

[3] 居易以俟（sì）命:语出《中庸》第十四章:“君子居易以俟命，小人行险以侥幸。”谓君子安于平易，素位而行，不羡慕外在的事物，等候天命到临。

[4] 行法以俟命:奉公守法，等候天命到临。

【译文】

圃翁说:《论语》有云:“不懂得命运，就没有办法当君子。”朱熹注解说:不知道天命，就会见到利益就奔向前去追求，看见祸害就躲在后面回避，不可能成为君子。我在小时候听从文学家姚文然老先生的教诲，将这句话牢牢地铭记在心，每当遇到一些疑难不能决定的事情，就用这句话作为参考，才稍稍有些把握。古人有云：“君子安于平易，素位而行，不羡慕外在的事物，等候天命到临。”又说：“奉公守法，等候天命到临。”人一生中所遇到的祸福、荣辱、得失等，都是命中注定的，的确是不可改变的。仔细思考这些可知，利益并不是不可以追求，但是有些利益却不必追求；祸害是应该躲避的，但有一些祸害是无法躲避的。片面的利益与祸害的观念既已去除，而成为君子的道理就会显现出来，这“为”字很有力。既然知晓了利益和祸害是有定数的，那么当个好人就不是什么太难的事了。

【品评】

君子之道遵天命。

孔子在《论语》中对天命有过多处论述：“不知命，无以为君子”“君子有三畏：畏天命，畏大人，畏圣人之言”“五十而知天命”。综上所述，孔子理解的天命并不是一个单一的概念，它包含着命运、自然规律乃至对个人能力局限性的认知。相对于孔子的天命观，朱熹和张英更强调天命所具有的伦理道德方面的内容及其不可违背性。

孟子说：“生，亦我所欲也；义，亦我所欲也。二者不可得兼，舍生而取义者也。生亦我所欲，所欲有甚于生者，故不为苟得也；死

**雪夜访戴**（郑慕康）

亦我所恶，所恶有甚于死者，故患有所不辟也。”与生命相比，仁义是更加高贵的选择，当面对“生”与“义”的较量时，君子会毅然决然地“患有所不辟”。这也是张英所说的“不必趋之利”“不能避之害”。

不懂天命之人，见利必趋，见害必避，是小人之行径，而真正的君子必是“富贵不能淫，贫贱不能移，威武不能屈”的大丈夫。

# 谋事在人　成事在天

【原文】

予官京师日久，每见人之数[1]应为此官，而其时本无此一缺；有人焉，竭力经营，干办停当，而此人无端值之[2]，或反为此人之所不欲，且滋诟詈[3]。如此者不一而足，此亦举世之人共知之，而当局则往往迷而不悟。其中之求速反迟，求得反失，彼人为此人而谋，此事因彼事而坏，颠倒错乱，不可究诘[4]。人能将耳目闻见之事，平心体察，亦可消许多妄念也。

【注释】

[1] 数：气数、运数。

[2] 无端值之：无缘无故遇上。值，逢。

[3] 且滋诟詈（lì）：同时还加上一些批评谩骂。詈，骂。

[4] 究诘（jié）：追究质疑。

【译文】

我在京城里为官多年，每当见到有的人命中注定应该成为某个职位的官吏，但因为当时没有空缺而作罢；有些人竭尽力气钻营投机、基本上一切办理妥善时，却被另外一个人无缘无故地抢走了机遇，甚至这个机遇并非获得之人想要的，获得之人甚至对此加以批评谩骂。同类的事情还有很多，无法列举齐全，这也是世人都明白的事情，当事人却往往执迷不悟。其中有想要快反而慢的，有想要得到反而失去了的，那个人无意中为这个人谋划了一切，这件事因那件事而搞糟，颠倒错乱，无法追究质疑。如果人们能够将自己亲耳听到、亲眼所见的事，平心静气地加以体会考察，也是可以消除许多虚妄的念头的。

【品评】

明清时期的儿童启蒙读物《增广贤文》有言：有意栽花花不发，无心插柳柳成荫。人们常说努力成就人生，但我们也时常发现成功与刻意的谋划无甚关联，“有人焉竭力经营，干办停当，而此人无端值之”的事例不胜枚举。凡成功，有个人的努力、机遇，也有天意使然。“时势造英雄”的俗语也是一个绝佳的说明。

《警察和赞美诗》是美国著名短篇小说家欧·亨利的经典之作，书中的主人公流浪汉苏比为了达到去监狱过冬的目的，先后六次有意为非作歹，都没能如愿以偿。当后来听到教堂传来的赞美诗，受到感化，决意重新做人时，却被无端地投进监狱。这篇小说历来被解读为对资本主义社会颠倒黑白是非不分的黑暗现实的批判，但从个体命运的角度解读，是不是更能够看出人类普遍感受到的造化弄人的无奈呢！

世事变幻，纷繁复杂。谋事在人，成事在天。我们能够做的就是一如既往地努力，尽人事以听天命，保持平和的心态，消除虚妄的念头，享受豁达的人生。

秋林茅屋（顾昉）

# 乐天知命 乐在其中

【原文】

圃翁曰：圣贤仙佛，皆无不乐之理。彼世之终身忧戚，忽忽[1]不乐者，决然无道气、无意趣之人。孔子曰“乐在其中”[2]；颜子“不改其乐”[3]；孟子以不愧不怍为乐[4]。《论语》开首说“悦”“乐”[5]；《中庸》言“无入而不自得”[6]；程朱教寻孔颜乐处：皆是此意。若庸人多求多欲，不循理，不安命；多求而不得则苦，多欲而不遂则苦，不循理则行多窒碍而苦，不安命则意多怨望而苦。是以跼天蹐地[7]、行险侥幸，如衣敝絮行荆棘中，安知有康衢[8]坦途之乐？惟圣贤仙佛，无世俗数者之病[9]，是以常全乐体。香山[10]字乐天，予窃慕之，因号曰“乐圃”。圣贤仙佛之乐，予何敢望？窃欲营履道[11]一丘一壑[12]，仿白傅[13]之“有叟在中，白须飘然”，“妻孥熙熙，鸡犬闲闲”[14]之乐云耳。

【注释】

[1] 忽忽：失意的样子。

[2]“乐在其中”：喜欢做某事，并在其中获得乐趣；源于《论语·述而》：“饭疏食饮水，曲肱而枕之，乐亦在其中矣。不义而富且贵，于我如浮云。”

[3]“不改其乐”：不改变自有的快乐；源于《论语·雍也》：“贤哉回也！一箪食，一瓢饮，在陋巷，人不堪其忧，回也不改其乐。”

[4]“孟子”句：孟子以光明正大、问心无愧为乐趣；源于《孟子·尽心上》：“君子有三乐，而王天下不与存焉。父母俱存，兄弟无故，一乐也；仰不愧于天，俯不怍于人，二乐也；得天下英才而教育之，三乐也。”

[5]“《论语》”句：《论语》开篇就谈到喜悦与快乐；源于《论语·学而》：“学而时习之，不亦说乎？有朋自远方来，不亦乐乎？人不知而不愠，

不亦君子乎？”

[6]“《中庸》”句：人不论处在什么境遇都能保持中庸之道和安然自足的心境；源于《中庸》第十四章：“君子素其位而行，不愿乎其外。素富贵，行乎富贵；素贫贱，行乎贫贱；素夷狄，行乎夷狄；素患难，行乎患难。君子无入而不自得焉。”

[7] 跼（jú）天蹐（jí）地：形容处境困窘，戒慎、恐惧之至。跼，腰背弯曲。蹐，小步走路。

[8] 康衢（qú）：四通八达的大路。

[9] 数者之病：指前文所言“多求、多欲、不循理、不安命”之病。

[10] 香山：指白居易，字乐天，晚年好佛事，自称香山居士，又号醉吟先生。详见前注。

[11] 履道：遵行正道。

[12] 一丘一壑（hè）：比喻隐者栖息之所；源于《汉书·叙传》：“渔钓于一壑，则万物不奸其志；栖迟于一丘，则天下不易其乐。”

[13] 白傅：即白居易，因曾任太子少傅，故省称白傅。

[14]“有叟在中”四句：在这样的一座园子里，有这样一个老叟，白须飘飘，鹤发童颜；看着眼前妻子儿女其乐融融，圈养的鸡犬悠闲自在。白居易归老洛阳，作《池上篇》：“有堂有亭，有桥有船，有书有酒，有歌有弦。有叟在中，白须飘飒，识分知足，外无求焉。妻孥熙熙，鸡犬闲闲。优哉游哉，吾将老乎其闲。”熙熙：和乐的样子。闲闲：悠闲自在的样子。

【译文】

圃翁说：圣人、贤哲、神仙、高僧，都没有不快乐的道理。此生此世终生都郁郁寡欢、失意不快乐的人，那绝对是没有自然之气、没有情趣的人。孔子说“喜欢做某事，并在其中获得乐趣”；颜回提出“不改变自有的快乐”；孟子以光明正大、问心无愧为乐趣。《论语》开篇就谈到喜悦与快乐；《中庸》提出：“人不论处在什么境遇都能保持中庸之道和安然自足的心境”；宋代理学家程颢、程颐和朱熹也在时时体会寻

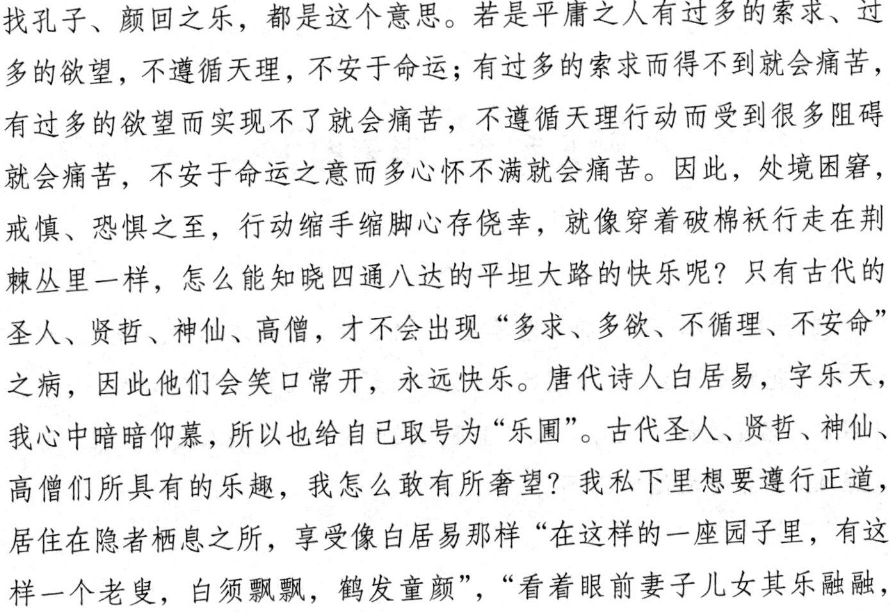

找孔子、颜回之乐，都是这个意思。若是平庸之人有过多的索求、过多的欲望，不遵循天理，不安于命运；有过多的索求而得不到就会痛苦，有过多的欲望而实现不了就会痛苦，不遵循天理行动而受到很多阻碍就会痛苦，不安于命运之意而多心怀不满就会痛苦。因此，处境困窘，戒慎、恐惧之至，行动缩手缩脚心存侥幸，就像穿着破棉袄行走在荆棘丛里一样，怎么能知晓四通八达的平坦大路的快乐呢？只有古代的圣人、贤哲、神仙、高僧，才不会出现“多求、多欲、不循理、不安命”之病，因此他们会笑口常开，永远快乐。唐代诗人白居易，字乐天，我心中暗暗仰慕，所以也给自己取号为“乐圃”。古代圣人、贤哲、神仙、高僧们所具有的乐趣，我怎么敢有所奢望？我私下里想要遵行正道，居住在隐者栖息之所，享受像白居易那样“在这样的一座园子里，有这样一个老叟，白须飘飘，鹤发童颜”，“看着眼前妻子儿女其乐融融，圈养的鸡犬悠闲自在”的乐趣。

【品评】

乐天知命不是悲观论，更不是宿命论，而是在对宇宙的法则和人生的真谛有了洞彻的体悟之后，所获得的既达观又进取的修养和智慧。生活岂能尽善尽美，面对残缺遗憾，是人类亘古以来的共有境遇。圣贤洞明世事，人生姿态当中就多了一份理解和从容。孔子在“饭疏食饮水，曲肱而枕之”的时候仍然高唱“乐亦在其中矣”。面对“一箪食，一瓢饮，在陋巷”的处境，颜回也有不改其乐的坦然。无论富贵还是贫穷，无论风雨还是彩虹，有了“无入而不自得”的心态，快乐岂能不长相随！

相反，庸人不明白“人有悲欢离合，月有阴晴圆缺”是生活的常态，一味多求、多欲，而不考虑天命。当“多求则不得”“多欲则不遂”，则开始怨天尤人，烦恼自然生长，从而陷入痛苦的境地。

张英喜读白居易的诗作，壮年之际、辉煌腾达之时就有归田之思，畅想着山村小院的田园生活，鸡犬之声相闻，妻儿和乐相伴，这又何尝不是乐天知命呢？

## 知足称意　得闲即主

【原文】

圃翁曰：予拟一联，将来悬草堂中。"富贵贫贱总难称意，知足即为称意；山水花竹无恒主人，得闲便是主人"。其语虽俚[1]，却有至理。天下佳山胜水，名花美箭[2]无限。大约富贵人役于名利，贫贱人役于饥寒，总无闲情及此。惟付之浩叹[3]耳。

【注释】

[1] 俚（lǐ）：通俗，粗浅。

[2] 美箭：古人对竹之美称。

[3] 浩叹：大声长叹，感慨叹息。

【译文】

圃翁说：我起草写了一副对联，将来挂在我的书斋楼堂之中。上联是："富贵贫贱总难称意，知足即为称意"，下联是："山水花竹无恒主人，得闲便是主人"。语言虽然通俗，却蕴含着精深的道理。大自然中的好山好水、名花美竹数不胜数。但大概是因为那些富贵之人往往被名利所役使，贫贱之人往往被饥饿寒冷所役使，所以总是没人有闲情逸致去顾及。我只能对此感慨叹息了。

【品评】

知足常乐。知足不是禁止欲望，而是敬畏天命，取舍有度，因而内心往往是富足的，人生也不会陷入欲望的沟壑中无法自拔。儒家倡导刚健的人格，弘扬自强不息的精神，"知其不可为而为之"的努力充满着悲壮的英雄主义色彩。但道家更心仪“吾生也有涯，而知也无涯，以有涯随无涯，殆已！”的信条，看清了人生的局限性，才懂得知足也不失为一种高明的处世哲学。所以，老子有云：“祸莫大于不知足；咎莫大于欲得。故知足之足，常足矣。”知足之人懂得前进，更懂得止步；懂得追求，也懂得满足；匆忙的脚步中始终伴有平和的心态，人生的幸福指数焉能不高。

举杯邀明月（徐菊庵）

大自然是可爱的，因为在大自然面前，富贵、贫贱都是无足轻重的存在。自然不会因你的富贵而臣服，也不会因你的贫贱而遗弃，而是永远静静地站在那里，等待着主人去探索、去发现。北宋文人苏轼被贬黄州，客居承天寺时，在月夜中，他发现了澄澈空明的意境：“何夜无月？何处无竹柏？但少闲人如吾两人者耳。”苏轼自嘲地说自己和朋友是清闲的人，闲来无事才出来赏月，实际上却是为自己的行为而自豪——月夜处处都有，有了人的欣赏才有美，只有此时此地的月夜才是最幸运的，因为有情趣高雅的人欣赏它。的确如此，世上有太多的闲人，又有几人能知此美景。有闲情还要情趣高雅，只有拥有了此等闲情、此等慧心，大自然才能从沉寂中走来，找到自己的主人，展现出自己多彩的风姿。

“天下佳山胜水，名花美箭无限”，这一切都与金钱无关、与权力无关、与地位无关，只与闲情和心灵有关。阿尔卑斯山的山谷公路上有指示牌上写着：“慢慢走，欣赏啊！”匆匆忙忙的现代人，请放慢脚步，带着一颗慧心去发现人生旅途中的风景。

# 生死有命　富贵在天

【原文】

昔者米脂令[1]边君[2]，掘李贼[3]之祖坟，贼破京师后获边君，置军中，欲甘心焉[4]。挟至山西，以二十人守之。边君夜遁，后复为州守[5]，自著《虎吻余生》[6]记其事。李贼杀人数十万，究不能杀一边君。生死有命，宁不信然[7]耶？

【注释】

[1] 米脂令：米脂县知县。

[2] 边君：指明末直隶（今河北）任丘人边大绶，曾任陕西米脂县知县。清嘉庆年间吴省兰辑“艺海珠尘”丛书本《聪训斋语》“边君”作“萧君”，当误。今据晚清葛元煦所辑“啸园丛书”本《聪训斋语》改。

[3] 李贼：这是张英站在清廷立场对明末农民起义领袖李自成的蔑称。李自成世居陕西榆林米脂李继迁寨，自称闯王。崇祯十七年，陷京师，清兵入关后，自杀于九宫山。

[4] 欲甘心焉：想要杀之而后快。

[5] 州守：指绥德州太守。

[6]《虎吻余生》：今本作《虎口余生记》。

[7] 宁不信然：难道不是这样吗？

【译文】

明朝末期，边大绶任陕西米脂县知县之时，曾经刨了李自成家的祖坟，李自成攻破京师以后抓获了边大绶，将他囚禁在军中，想要杀之而后快。当挟持他到山西的时候，让二十多个人看守他。但还是让边大绥在夜里逃跑了，后来边大绥成为了绥德州太守，自己写了《虎吻余生》一书详细记载了这件事。李自成杀过几十万人，终究没能杀掉一个边大绥。生与死是有命数的，难道不是这样吗？

【品评】

现代人注重科学理性分析，凡事必探究出个因果关系，这也是现代社会，特别是在科学技术发达之后的必然趋势。但认为科学万能，那就犯了“科学主义”的毛病。

面对浩瀚的宇宙和渺小的自我，我们内心充满畏惧感和神秘感。虽然科技的发展让人类越来越自信，科学所涉猎的领域越来越广，似乎也有着越来越多的话语权，但它依然不能包揽一切，解释一切，比如宗教、命运等问题。时至今日，在科学技术十分成熟的欧洲，人们依然相信上帝，就如我们相信命运一样。

明朝末期，米脂县知县边大绥，曾经刨了杀过几十万人的李自成家的祖坟，但居然能够在李自成手下幸免于难，这让张英不由自主地想到了命运问题。“王侯将相，宁有种乎”这是秦朝末期农民起义领袖陈胜、吴广最初的呐喊；“认真，你就输了”也是当今一部分人的生活写照。生死、富贵、穷达到底是个人努力的结果，还是冥冥之中的天命呢？这真的很难说。

古人讲“生死有命，富贵在天”“命里有时终须有，命里无时莫强求”，大概这就是张英所讲的冥冥之中的天命吧！

松立云涧（戚叔玉）

# 知命安命　以为君子

【原文】

世人只因不知命，不安命，生出许多劳扰[1]。圣贤明明说与曰“君子居易以俟命”，又曰“君子行法以俟命”，又曰：“修身以俟之，不知命无以为君子”。因知之真，而后俟之安也。予历世故颇多，认此一字颇确。曾与韩慕庐[2]宿齐天坛[3]，深夜剧谈[4]。慕庐谈当年乡会试[5]时，乡试则有得售之想[6]，场中颇着意[7]，至会试殿试[8]则全无心。而得会[9]状会试场[10]大风，吹卷欲飞。号中人[11]皆取石坚押，韩独无意。祝曰[12]：“若当中则自不吹去！”亦竟无恙。故其会试殿试文皆游行自在[13]，无斧凿痕[14]。予谓慕庐足下两掇巍科[15]，当是何如勇猛，以此言告人，人决不信，余独信之。何以故？予自谕德[16]后即无意仕进，不止无竞进之心，且时时求退不已，乃由讲读学士[17]，跻[18]学士登亚卿正卿[19]，皆华膴清贵之官[20]。自傍人观之，不知是何如勇猛精进；以予自审[21]，则知慕庐之非妄矣。慕庐亦可以己事推之，而知予之非诳也。愿与世人共知之。

【注释】

[1] 劳扰：劳苦困扰。

[2] 韩慕庐：韩菼，清长洲人，字符少，别字慕庐。通五经，应顺天乡试，尚书徐干学拔之于遗卷中。康熙十二年，会试殿试皆第一名。累官至礼部尚书，持论中肯，不为两可之说。点勘诸经注疏，旁及诸史，总修《一统志》，以文章名世。卒谥文懿。

[3] 齐天坛：祭天的地方。齐，同“斋”字。

[4] 剧谈：畅谈。

[5] 乡会试：明清两代，每三年一次在各省城举行的考试，叫作乡试，

应试者为秀才，及第者称举人。每三年在京城礼部举行的考试，叫作会试，应试者为举人，及第者称贡士。

[6] 得售之想：志在必得的想法，意谓非成功不可。

[7] 着意：用心。

[8] 殿试：由皇帝在殿廷上对贡士亲自策问的考试，又称廷试，及第者称进士。

[9] 得会：刚好遇上。

[10] 状会试场：会试、殿试的考场。按科举考试中会试第一名称会元，殿试第一名称状元。

[11] 号中人：考场中的考生。

[12] 祝曰：祈祷。

[13] 游行自在：信手拈来，毫不勉强。

[14] 无斧凿痕：非常自然，没有矫揉造作的地方。

[15] 两掇巍科：两次高中科第，名列榜首。

[16] 谕德：官名，唐代龙朔三年置太子左右谕德各一员，掌侍从赞谕，职比常侍。清代废置。

[17] 讲读学士：官名，职务是替帝王讲学。有隶属翰林院者，亦有内阁单独设置者。

[18] 跻（jī）：登、升。

[19] 亚卿正卿：官名，诸侯以下极尊贵之臣。

[20] 华膴（wǔ）清贵之官：高位厚禄、清高而尊贵的官职。膴，厚。

[21] 自审：自我检视。

【译文】

世间的人只因为不懂得命运，不安分守己，所以就产生了许多辛劳烦扰。前代的圣贤们明明白白地告诉过人们说："君子平安和顺地生活来等待命运的安排。"又说："君子遵照法规行事来听从命运的安排。"又说："修养身心来等待命运的安排，不知道命运就不能成为君子。"因

为懂得透彻，所以才能安然地听从命运的安排。我经历的世事比较多，认准了这几句话确实是至理明言。我曾经和韩慕庐先生在天坛中斋戒，深夜里畅谈高论。慕庐谈到他当年参加乡试会试考试时的情景，说他在乡试时曾有过一定要考中而取得官位的想法，所以在考试中就比较用心。到了会试殿试时，根本就不在意反而取得了会试的成功。会试时，当时考场忽然有一阵大风吹来，考卷纷纷刮起像要飞走的样子，考场的考生都在寻找石块来压考卷。只有韩慕庐一人无意中祈祷："假若天意让我一人中考，就不会吹走试卷了。"竟然真的没有被吹走。因此他的会试殿试文章，都是一气呵成，自然流畅，毫无雕凿的痕迹。我说慕庐顺手拾来两个高第，是多么地勇猛顽强啊。用这个告知他人，人们肯定不相信，只有我一个人相信有此事。这是为什么呢？我自当上太子之师后，就没有了为官出仕之心，不仅仅是没有了争相前进之心，而是时时有求得退隐之意。于是从替帝王讲学之人，跻身学士升任诸侯以下极尊贵之臣，都是高位厚禄、清高而尊贵的官职。在外人看来，不知是如何勇敢刚猛精明上进。我自我检视，则知晓韩慕庐并非谎言假话啊！韩慕庐也可以通过自身经历予以推敲，而知道我所言并非骗人的话啊。愿世上之人都能知晓。

【品评】

张英关于"命"的理解有两层意思：一是天命，二是宿命。

天命是历史自然规律，是不以人的意志为转移的客观力量，正如俗话说"天命不可违"。人如果要更好地改造世界，就必须认识掌握客观规律，做事情才能事半功倍，水到渠成。孔子说"五十而知天命"，等到七十岁的时候就会"从心所欲不逾矩"。张英也认为懂得天命，合理地运用规律，生活就会少了很多无谓的烦恼，生命也会变得更加圆润和畅达。

宿命是佛教的一种说法，意味着生来注定的命运。当面对浩瀚的宇宙，特别在个体发现自己的渺小和无能为力的时候，人们更愿意相信宿命，仿佛冥冥之中有种神奇的力量主宰着世界。韩幕庐对自己会试高中的解释就是宿命论的阐释，而张英对宿命论也是深信不疑的。

初中毕业、在北京做育儿嫂的文学爱好者范雨素在其自传网络小说《我是范雨素》的开篇就说：“我的生命是一本不忍卒读的书，命运把我装订得极为拙劣。”细细品味，我们能清楚地感受到逐渐走向知天命之年的范雨素沉痛地表达出的深深的宿命感。也许有一天，当我们明白了生命的极限，才会发现人生可能就是天命和宿命的结合体。

# 大人之言　永为世宝

【原文】

康熙三十六年丁丑[1]春，大人退食[2]之暇，随所欲言，取素笺[3]书之，得八十四幅，示长男廷瓒[4]。装成二册，敬置座右，朝夕览诵，道心[5]自生，传示子孙，永为世宝。廷瓒敬识。

【注释】

[1] 康熙三十六年丁丑：即公元 1697 年。

[2] 退食：公余休息或退休。此指前者。

[3] 素笺（jiān）：白色的笺纸。

[4] 廷瓒：即张廷瓒，张英的长子，康熙十七年（1678 年）中举人，次年考中己未科二甲二名进士，散馆授翰林院编修，历官日讲起居注官，官至詹事府少詹事。二十六年（1688 年）典试山东。后官翰林，侍读学士。

[5] 道心：指天理，义理。

【译文】

康熙三十六年丁丑岁春，父亲退朝闲暇之时，随心所欲说了许多至理名言，都用白色的笺纸记了下来，共有八十四幅之多，给其长子张廷瓒看。张廷瓒将其装订成两册，虔敬珍视地放置在座位的右边，日夜阅览诵读，天理之心油然而生，准备传给子孙后代，永远作为世上的珍宝加以收藏。其长子张廷瓒用尊重敬慕的心情来记住。

【品评】

公元1697年，张英致仕。在退朝闲暇之余，张英把自己关于立品、读书、治家、养生、为官等方面的心得体会写成84幅箴言，示于其长子张廷瓒。张廷瓒整理成册，敬置案头，朝夕览诵，并传示子孙，是为《聪训斋语》。

# 清史稿·张英传

张英，字敦复，江南桐城人。康熙六年进士，选庶吉士。父忧归，服阕，授编修，充日讲起居注官。累迁侍读学士。十六年，圣祖命择词臣谆谨有学者日侍左右，设南书房。命英入直，赐第西安门内。词臣赐居禁城自此始。时方讨三藩，军书旁午，上日御乾清门听政后，即幸懋勤殿，与儒臣讲论经义。英率辰入暮出，退或复宣召，辍食趋宫门，慎密恪勤，上益器之。幸南苑及巡行四方，必以英从。一时制诰，多出其手。

迁翰林院学士，兼礼部侍郎。二十年，以葬父乞假，优诏允之，赐白金五百、表里缎二十，予其父秉彝恤典视英官。英归，筑室龙眠山中，居四年，起故官。迁兵部侍郎，调礼部，兼管詹事府。充经筵讲官，奏进《孝经衍义》，命刊布。二十八年，擢工部尚书，兼翰林院掌院学士，仍管詹事府。调礼部，兼官如故。编修杨瑄撰都统、一等公佟国纲祭文失辞，坐夺官流徙；斥英不详审，罢尚书，仍管翰林院、詹事府，教习庶吉士。寻复官，充《国史》《一统志》《渊鉴类函》《政治典训》《平定朔漠方略》总裁官。三十六年，典会试。寻以疾乞休，不允。三十八年，拜文华殿大学士，兼礼部。

英性和易，不务表襮，有所荐举，终不使其人知。所居无赫赫名。在讲筵，民生利病，四方水旱，知无不言。圣祖尝语执政："张英始终敬慎，有古大臣风。"四十年，以衰病求罢，诏许致仕。濒行，赐宴畅春园，敕部驰驿如制。四十四年，上南巡，英迎驾淮安，赐御书榜额、白金千。随至江宁，上将旋跸，以英恳奏，允留一日。时总督阿山欲加钱粮耗银供南巡费，江宁知府陈鹏年持不可，阿山怒鹏年，欲因是罪之，供张故不办；左右又中以蜚语，祸将不测。及英入见，上问江南廉吏，首举鹏年，阿山意为沮，鹏年以是受知于上为名臣。四十六年，上复南巡，英迎驾清江浦，仍随至江宁，赐赉有加。

英自壮岁即有田园之思，致政后，优游林下者七年。为《聪训斋语》《恒产琐言》，以务本力田、随分知足诰诫子弟。四十七年，卒，谥文端。世宗读书乾清宫，英尝侍讲经书，及即位，追念旧学，赠太子太傅，赐御书榜额揭诸祠宇。雍正八年，入祀贤良祠。高宗立，加赠太傅。

子廷瓒，字卣臣。康熙十八年进士，自编修累官少詹事。先英卒。

廷玉，自有传。

廷璐，字宝臣。康熙五十七年，殿试一甲第二名进士，授编修，直南书房，迁侍讲学士。雍正元年，督学河南，坐事夺职。寻起侍讲，迁詹事。两督江苏学政。武进刘纶、长洲沈德潜皆出其门，并致通显，有名于时。进礼部侍郎，予告归，卒。

廷瑑，字桓臣。雍正元年进士，自编修累官工部侍郎，充日讲官。起居注初无条例，廷瑑编载详赡得体。既擢侍郎，兼职如故。终清世，已出翰林而仍职记注者惟廷瑑。乾隆九年，改补内阁学士，兼礼部侍郎。典试江西，移疾归。廷瑑性诚笃，细微必慎。既归，刻苦砺行，耿介不妄取。三十九年，卒，年八十四。上闻，顾左右曰："张廷瑑兄弟皆旧臣贤者，今尽矣！安可得也？"因叹息久之。

廷璐子若需，进士，官侍讲。若需子曾敞，进士，官少詹事。

自英后，以科第世其家，四世皆为讲官。

（选自《清史稿》列传五十四《张英》，中华书局1977年版）

# 后记

怀胎九月，一朝分娩，母亲充满着喜悦。细细算来，从执笔动手写作到最后杀青，也正好整整九个月。当这本小书即将付梓的时候，我的内心同样激动不已！

张元济先生的名言“天下第一等好事，还是读书”，广为流传。大学毕业之后，我对此有了更深的体味，纯粹的大段的心无旁骛的读书愈加难求，却更加期盼。相比现实生活的桎梏，书能够提供更为广阔的自由世界，使得人生不那么单调和无趣，性情也会变得些许圆润和丰富。读书也是机缘，能够与好书相遇并产生一段一发不可收的爱恋是许多读书人梦寐以求的体验。对于我来讲，《聪训斋语》就是这样的一本好书，让人一见钟情，无法自拔。但长久以来，它却如小家碧玉一样藏在深闺人未识，当我的研究生同学张永俊兄弟提出让我为《聪训斋语》写一点文字时，我义不容辞地答应了，这便成了本书的来由。

一直以来，读书是我的学业，教书是我的职业。当学业谢幕，职业登场的时候，我发现能够静下来读整本书是件近乎奢侈的事情，但却从未放弃这种追求，以至于在梦中也会时时回望当年那段无忧无虑的读书生活。说白了，还是想给自己留一份“精神的园地”。现如今，我们提倡弘扬优秀传统文化，我们要求学生多读书、读好书、好读书、读整本书，作为引领读书的老师，又岂能只读教材不读书，所以我愿意做一粒读书的种子，在“精神的园地”里带动更多孩子做读书的种子，这也是我的一个小小的夙愿。

特别要提出的是，在我写作本书的过程中，永俊的工作有了变动，但他是一个责任心极强的人，宁可苦了自己也决不有负他人。虽然离开中国纺织出版社的时间已不短，但本着对作者负责的态度，他坚持亲手把此前遗留的工作逐项耐心处理，没有让一个作者失望。有一天早上，我随意问了一下书稿的出版进展，当时永俊正在上班的地铁上，他顺手发来了正在审阅中的书稿照片，看到他“满纸红”的修改笔迹，我不禁感动得泪湿眼眶。他还告诉我，有时做梦都会梦见我的催促。可以说，这本小书，凝聚了永俊的心血和汗水，没有他的努力，是断然完不成的。欣喜的是，本书的出版见证了我们的兄弟情和同窗谊，这是尤为值得纪念的事情。

本书是我的第一本书，我希望这只是一个开始，我对自己充满期待！

刘超

2019 年 3 月 10 日写于项城